Mitteilungen

über die

Luft in Versammlungssälen, Schulen

und in

Räumen für öffentliche Erholung und Belehrung

sowie einiges über Förderung der Ventilationsfrage in technischer Beziehung und durch gesetzgeberische Mafsnahmen.

Von

Th. Oehmcke,

Regierungs- und Baurat a. D.

München und Berlin.

Druck und Verlag von R. Oldenbourg.

1901.

Inhalt.

Benutzte Bücher und Zeitschriften.

----

v. Pettenkofer, Populäre Vorträge, gehalten 1872, Heft 1, Beziehungen der Luft zu Kleidung, Wohnung und Boden. Braunschweig 1872.

v. Pettenkofer, Populäre Vorträge, gehalten 1873, Heft 2, Über den Wert der Gesundheit für eine Stadt. Braunschweig 1873.

Pettenkofer, Über den Luftwechsel in Wohngebäuden. München 1858.

E. A Parkes, A manual of practical hygiene, 5th ed. London 1878.

H. v. Ziemfsen, Handbuch der speciellen Pathologie und Therapie, 1. Aufl., Bd I. Leipzig 1874.

Fr. Renk, Die Luft. Leipzig 1886. Im Handbuch der Hygiene und der Gewerbekrankheiten von v. Pettenkofer und v. Ziemfsen.

Eulenberg und Bach, Schulgesundheitslehre, 1891.

H. Rietschel, Stand der wissenschaftlichen und praktischen Wohnungshygiene in Beziehung zur Luft. Festrede, 1894.

G. Recknagel, Lüftung des Hauses. Leipzig 1894. In dem gen. Handbuch von v. Pettenkofer und v. Ziemfsen.

F. Hüppe, Handbuch der Hygiene. Berlin 1899.

Baginsky, Handbuch der Schulhygiene, 3. Aufl., Stuttgart 1898.

Krieger, Wert der Ventilation. Strafsburg i. E. 1899.

M. Rubner, Lehrbuch der Hygiene, 6. Aufl., 1900.

Deutsche Vierteljahrsschrift für öffentliche Gesundheitspflege. Braunschweig.

H. Rietschel, Lüftung und Heizung von Schulen. Berlin 1886.

Centralblatt der Bauverwaltung. Ministerium der öffentlichen Arbeiten. Berlin, Wilhelm Ernst & Sohn.

Solbrig, Die hygienischen Anforderungen an ländliche Schulen. Frankfurt a. M. 1895.

Dienstanweisung (die ältere) für die Königlichen Bauinspektoren der Hochbauverwaltung. Berlin 1888.

Bau und Einrichtung ländlicher Schulen in Preußen. Ministerium d. öffentl. Arbeiten. Berlin 1895.

Finkelnburg, Die öffentliche Gesundheitspflege Englands. Bonn 1874.

Statistisches Jahrbuch der Stadt Berlin, 1895.

Medizinal-statistische Mitteilungen aus dem Kaiserl. Gesundheits-amte, 4. Band. Berlin 1897.

Kapitel I.

Die Gesundheitsschädlichkeit schlechter Luft in menschlichen Aufenthaltsräumen nach Zeugnissen hervorragender Forscher.

Fast alle Hygieneforscher sind der Meinung, dafs die Allgemeines. Gröfse der Schädigungen der Gesundheit, welche durch schlechte Luft veranlafst werden, sehr unterschätzt werde. Es mag diese Unterschätzung zum Teil in der Neuheit des die Atmungsluft behandelnden Zweiges der Gesundheitslehre ihren Grund haben. M. v. Pettenkofer konnte noch in seinen a. a. O. bezeichneten, 1872 gehaltenen Vorträgen sagen, dafs die Kenntnis von der Notwendigkeit der Ventilation von mit Menschen stark besetzten Räumen erst 20 Jahre hinaufreiche. Allerdings ist auch, obwohl die Ventilationslehre seither durch die Arbeit zahlreicher Forscher und Praktiker einen sehr erheblichen Umfang erreicht hat, die Kenntnis von dem Mafse der Beeinträchtigung der Gesundheit des Einzelnen sowie ganzer Bevölkerungsgruppen durch schlechte Atmungsluft zum Teil noch lückenhaft. Diese Gesundheitsbeeinträchtigung ist auch noch nicht nach allen Richtungen hin überzeugend wissenschaftlich erklärt. Ebensowenig haben die Beziehungen zwischen dem Grade der Luftverschlechterung und dem Grade der durch diese verursachten Gesundheitsstörungen in erschöpfender Weise einen zahlenmäfsigen Ausdruck gefunden.

Die Thatsache ist wohl bekannt geworden, wie später eingehender besprochen werden soll, dafs durch aufsergewöhnlich starke Verschlechterung der Luft, in Fällen, wo eine übermäfsig grofse Zahl von Personen, dicht zusammengedrängt in enge geschlossene Räume eingeschlossen worden waren, mehrfach schreckliche Unglücksfälle verursacht worden sind, bei denen oft fast alle in diesen Räumen Befindliche ein plötzliches Ende fanden.

Sodann sind eine Reihe von ziffermäfsigen Beobachtungen über Gefängnisse, Kasernen u. dergl. darüber gesammelt worden, wie die Abnahme der Sterblichkeit mit der Verbesserung der Atmungsluft dieser Räume für »dauernden« Aufenthalt einherging, wobei die Luftverbesserung, sei es durch schwächere Belegung mit Menschen, sei es durch Ausstattung dieser Räume mit künstlichen Ventilationseinrichtungen erreicht wurde.

Auch weist die Gewerbestatistik unwiderleglich nach, dafs die Sterblichkeit in den verschiedenen Berufen am meisten davon abhängt, ob dieselben in geschlossenen Räumen, für gewöhnlich also in schlechter Luft, ausgeübt werden oder nicht.

Wenn hier also die zahlenmäfsigen Unterlagen zur Beurteilung des Grades der Gesundheitsschädigung durch dauernden Aufenthalt in mehr oder weniger verschlechterter Luft mehrfach schon gewonnen sind, so entbehrt man noch viel mehr dieser ziffermäfsigen Nachweise des Umfanges der Gesundheitsschädigung durch schlechte Luft in allen den wichtigen Fällen, wo es sich, wie bei Schulen, Räumen für Versammlungen, Wirtshäusern u. dergl. um »vorübergehenden« Aufenthalt handelt.

Die Statistik hat in letzterem Falle bei den hier vielfach sehr zusammengesetzten und sich zum Teil durchkreuzenden Einflüssen, die auf etwaiges Beobachtungsmaterial einwirken, bisher noch wenig die Schwierigkeiten, brauchbare Vergleiche aufzustellen, zu überwinden vermocht.

Man kann zwar aus der Thatsache der Vermehrung
der Sterblichkeit durch »dauernden« Aufenthalt in Räumen
mit schlechter Luft mit Sicherheit den Schluſs ziehen,
daſs die Sterbe- bezw. Krankheitsziffer durch den regel-
mäſsigen »vorübergehenden« Aufenthalt in derartigen
Räumen erheblich erhöht werde. Nur ist das »wieviel«
dieser Erhöhung noch nicht zahlenmäſsig festgestellt,
welche Feststellung von der gröſsten Wichtigkeit wäre.

Würde man die als sehr erheblich angenommenen,
durch vorübergehenden Aufenthalt in schlechter Luft
hervorgebrachten Gesundheitsschädigungen in einen bestimmten ziffermäſsigen Ausdruck bringen können, so
würde man mit viel gröſserer Lebhaftigkeit es sich ange-
legen sein lassen, die in vielen Fällen unschwer und meist
mit mäſsig hohen Geldmitteln durchzuführenden Vor-
beugungsmaſsnahmen zu treffen.

Da uns die Statistik die dringend erwünschte Aus-
kunft über den Zweig der Ventilationslehre, betreffend
vorübergehenden Aufenthalt in Räumen mit schlechter
Luft, und den vorerwähnten ziffermäſsigen Ausdruck nicht
oder nur in unvollkommener Weise liefern kann, sind wir
darauf angewiesen, den allerdings fast übereinstimmenden
Annahmen und Auslassungen der anerkannten Forscher
auf diesem Gebiete zu glauben. Es sei uns gestattet, der
Wichtigkeit des Gegenstandes gemäſs, eine etwas gröſsere
Anzahl solcher Auslassungen teils wörtlich, teils in ab-
gekürzten Auszügen hier folgen zu lassen. Diese Auslassungen betreffen naturgemäſs in erster Linie die Haupt-
frage, nämlich das Einhergehen gewisser Störungen der
menschlichen Gesundheit mit der Luftverschlechterung in
geschlossenen Räumen überhaupt. Diese Auslassungen
werden jedoch, wie wir hoffen, uns auch wertvolle Auf-
schlüsse in unserer oben berührten Neben- oder Unter-
frage, nämlich über den Einfluſs des wiederholten »vorübergehenden« Aufenthaltes in schlechter Luft auf die Gesundheit, geben.

M. v. Pettenkofer.   Es liegt nahe, bei der obenberegten Anführung der Auslassungen von Forschern mit M. v. Pettenkofer zu beginnen. Er wirft in seiner 1858 erschienenen, voraufgeführten Schrift S. 104 die Frage auf:

»In welchen Fällen wird eine künstliche Ventilation notwendig?« Seine Beantwortung dieser Frage ist nachstehend teils auszugsweise, teils wörtlich wiedergegeben. Er legt der Beantwortung die bis zum heutigen Tage wenig beanstandete Annahme zu Grunde, daß in allen den Fällen — wo trotz der natürlichen Ventilation der Kohlensäuregehalt der Luft infolge Respiration und Perspiration, sei es im Winter in geheizten Zimmern mit ihrem durch die Heizung und Erwärmung erhöhten Luftwechsel, sei es im Sommer bei ausgiebig geöffneten Fenstern, in dauernd bewohnten Räumen auf eins vom Tausend steigt — die künstliche Ventilation an ihrem Platze sei. Wenn auf Grund dieser Annahme bezüglich der Ventilationseinrichtungen namentlich in stark besetzten Wohnungen viel verlangt wird — viel mehr, als man für alle Fälle vorläufig wird leisten wollen und können — wenn man auch zunächst noch vor der Lösung der ganzen Aufgabe in vielen einzelnen Fällen zurückschrecken würde, »so darf uns das doch nicht hindern, die Wahrheit einzusehen und anzuerkennen, oder nach dem schwer zu erreichenden Ziele zu streben. Es ist vielleicht zulässig, die ganze Aufgabe in zwei Teile zu zerlegen: 1. in die Ventilation jener Räume, welche nur kurze Zeit (2 bis 3 Stunden des Tages) zum Aufenthalt von Menschen bestimmt sind, und 2. in die Ventilation solcher Räume, welche längere Zeit zum Aufenthalte zu dienen haben.« —

P. führt dann aus, daß die Erfahrungen über die Schädlichkeit einer für solche kurze Zeit eingeatmeten schlechteren Luft noch wenig zahlreich wären, so daß er beispielsweise für Schulzimmer vorläufig Anstand nähme, irgend eine Angabe darüber zu machen, ob etwa das 2, 3, 4, oder 5 fache des Kohlensäuregehaltes von sonstiger guter Zimmerluft zu gestatten sei. Er sagt indessen: »Ich bin auf das lebendigste überzeugt, daſs wir die Gesundheit unserer Jugend wesentlich stärken würden, wenn wir in den Schulhäusern, in denen sie durchschnittlich fast den fünften Teil des Tages verbringt, die Luft stets so gut und rein erhalten würden, daſs ihr Kohlensäuregehalt nie über 1 pro mille anwachsen könnte. Alle Väter und Mütter wissen, daſs die Gesundheit ihrer Kinder durchschnittlich häufige Störungen zu erleiden beginnt, sobald sie anfangen, die öffentlichen Schulen zu besuchen. Wenn sie sich in den Ferien wieder erholt und wieder ein blühendes Aussehen gewonnen haben, so bleichen sie bald wieder ab und kränkeln häufiger, wenn die Schule wieder beginnt.« —

Für diese Thatsachen sind auch noch andere Ursachen verantwortlich zu machen, der Einfluſs der verschlechterten Schulluft ist aber ein sehr vorwiegender und macht sich dieser bei einem in der lebhaftesten Entwickelung begriffenen Organismus in viel schädlicherer Weise geltend als bei einem ausgebildeten; produziert doch ein Knabe von 50 Pfund Körpergewicht in einer Stunde ebensoviel Kohlensäure als ein Erwachsener von 100 Pfund.

Anders als in dem Falle des vorübergehenden Aufenthaltes wird man mit bestimmteren Forderungen auftreten müssen, wenn es sich um Luftbeschaffenheit in Räumen handelt, die zum längeren Aufenthalte und zum Wohnen bestimmt sind. Kasernen und Gefängnisse liefern die sprechendsten Beweise, wie gefährlich es ist, gewisse Grade der Luftverderbnis zu überschreiten. Man hat Beispiele, daſs Gefängnisse, welche bei Anwesenheit von 1000 Gefangenen jährlich 100 durch den Tod verloren, bei Gegenwart von 500 nur 25 verloren haben, was ein Sinken der Sterblichkeit von zehn auf fünf vom Hundert, infolge der durch die schwächere Besetzung verursachten Luftverbesserung, erkennen läſst. P. glaubt nicht, daſs schlechte Luft sogleich ausgesprochene Krankheiten erzeuge, sondern

behauptet, »was von keiner einzigen Thatsache wider-
sprochen und von allen unterstützt wird, nämlich daſs
schlechte Zimmerluft die Widerstandsfähigkeit gegen jede
Art von krankmachenden Agentien herabstimme und
schwäche«.

Die Wirkung von Schädlichkeiten und Krankheits-
ursachen auf den Organismus wird durch schlechte Luft
in einem sehr auffallenden Grade gesteigert. Da wir vor
dem Eindringen und der Entwickelung von Krankheits-
ursachen, seien es Typhus, Sumpfgift oder Choleragift,
keinen Augenblick sicher sind, so dürfen wir niemals und
nirgends die Widerstandsfähigkeit des Organismus und
die diese wesentlich bedingende Luftbeschaffenheit ver-
nachlässigen.

»Einen ferneren Grund, auf reine Luft in den Wohnungen strenge zu halten, haben wir in der Erfahrung,
daſs schlechte Luft die Quelle vieler chronischer Leiden
ist, und daſs sie sicherlich einen groſsen Anteil an den
Volksübeln: Skrofeln, Tuberkeln etc. hat. Wo also die
natürliche Ventilation nicht ausreicht, die Vermehrung des
Kohlensäuregehaltes der Luft in unseren Wohn- und
Schlafräumen über 1 pro mille zu verhindern, dort hat künstliche Ventilation einzutreten.« Hiermit verlassen wir Pettenkofers Beantwortung seiner eingangs mitgeteilten Frage.

E. A. Parkes. Der englische Hygieniker E. A. Parkes[1] läſst sich
über den schädlichen Einfluſs schlechter Luft auf S. 121 ff.
a. a. O. aus. Er berichtet über den — offensichtlich den
Folgen durch Atmung übermäſsig verschlechterter Luft
zuzuschreibenden — Unglücksfall, bei welchem von 300
österreichischen Soldaten, die nach der Schlacht von
Austerlitz in einem Gefängnis, dicht zusammengedrängt,
eingekerkert waren, 260 fast gleichzeitig starben.

---

[1] Hüppe sagt a. a. O. S. 58: »Beim Tode von Parkes konnte
man mit Recht sagen, daſs er vielen Hunderttausenden das Leben
gerettet habe, indem er sie durch die Hygiene vor vermeidbaren
Krankheiten behütete.«

Was die Folgen einer mäfsiger verschlechterten, aber
während längerer Zeit geatmeten Luft betrifft, — wörtlich
nach Parkes — »so besteht darüber kein Zweifel, wenn
man auch andere schädliche Einwirkungen voll in Rechnung zieht, dafs solch Aufenthalt in einer durch Atmung
verdorbenen Luft einen höchst schädlichen Einflufs auf
die Gesundheit ausübt. Die Menschen erhalten in solcher
Luft bald ein bleiches Aussehen, verlieren teilweise den
Appetit, und nach einer gewissen Zeit nimmt ihre körper-
liche und geistige Leistungsfähigkeit ab. Es scheint als
ob die Luftversorgung und Ernährung des Blutes gehemmt
sind. Die allgemeine Spannkraft des Organismus geht
herunter. . . .«

»Solche den Einwirkungen schlechter Luft ausgesetzte
Personen scheinen sicherlich einen ungewöhnlich grofsen
Prozentsatz von Schwindsuchtsfällen und von verderblichen
Lungengewebe-Krankheiten anderer Art zu liefern. In
dem Gefängnis der Leopoldstadt zu Wien, welches sehr
schlecht ventiliert war, starben in den Jahren 1834 bis
1847 von 4280 Gefangenen 378, oder 86 vom Tausend,
und von diesen starben nicht weniger als 220, oder 51,4
vom Tausend an Schwindsucht, darunter waren nicht
weniger als 42 Fälle von akuter Miliar-Tuberkulose.

In dem gut ventilierten Korrektionshause in derselben
Stadt befanden sich in den fünf Jahren von 1850 bis 1854
3037 Gefangene, von welchen 43 starben, oder 14 vom
Tausend, und von diesen starben 24, oder 7,9 vom Tausend
an Schwindsucht. Zum Vergleich ist eine Mitteilung über
die Länge der zu verbüfsenden Strafen, getrennt für die
beiden Gefängnisse, nicht gemacht, aber bei Berücksichtigung dieser Straflängen, wenn überhaupt nötig, würden
die verglichenen Zahlen kaum wesentlich anders zu be-
urteilen sein.«

Die auch in den schönsten Klimaten der Kolonien
früher bedeutende Sterblichkeit des englischen Heeres an
Schwindsucht hat eine sehr bestimmte Abnahme erfahren.

Alle Verhältnisse bezüglich der Lebensweise der Soldaten sind dabei dieselben geblieben, nur die Ventilation der Kasernen bezw. der Baracken ist verbessert worden.

»Aber nicht allein für Schwindsucht kann eine ihrer Entstehungsursachen in dem Atmen von verbrauchter Luft angenommen werden, sondern es zeigt sich, dafs auch andere Lungenkrankheiten, als Luftröhren- und Lungenentzündung in Wohnungen mit schlechter Luft verbreiteter sind.«

Sowohl bei Seeleuten als bei Landbewohnern, die in engen geschlossonen Räumen ihre Arbeit verrichten, kommt ein stark erhöhtes Mafs von entzündlichen Lungenerkrankungen vor.

»Dem beliebten Glauben, dafs diese Erkrankungen durch Temperaturübergänge und durch ungenügenden Schutz vor dem Wetter verursacht werden, hat man wohl zu grofsen Wert beigemessen.

Aufser dafs vermutlich durch die mangelhafte Versorgung des Blutes mit Luft ein allgemein geschwächter Gesundheitszustand entsteht, und aufser dafs man als Ursache von Schwindsucht und anderen Lungenerkrankungen das beständige Atmen einer Luft, die durch ausgeatmete Gase und kleinste Körperteilchen verdorben ist, folgerichtig anzunehmen hat, wird seit lange, und augenscheinlich ganz zutreffend, angenommen, dafs die schnellere Ausbreitung verschiedener specifischer Krankheiten, vornehmlich von Typhus, Exanthematikus, Pest, Blattern, Scharlachfieber und Masern von solch einer Atmosphäre verursacht werde. Dieses mag auf verschiedenen Wegen vor sich gehen; das specifische Gift mag sich in der unvollständig erneuerten Luft einfach anhäufen, es mag auch in ihr wachsen; oder aber die verdorbene Luft mag geradezu den Körper weniger widerstandsfähig gegen Krankheiten oder mehr empfänglich für Krankheiten machen.«

Es sei gestattet, die Thatsache hervorzuheben, dafs der grofse englische Forscher in seiner Lehre von dieser zweifachen Wirkungsweise verdorbener Luft, sowie in seiner Überzeugung von deren so verhängnisvollen Einwirkung auf die Volksgesundheit mit M. v. Pettenkofer in grofser Übereinstimmung sich befindet.

Wir lassen eine Auslassung von G e i g e l folgen, die Geigel. sich findet in dem von diesem bearbeiteten Teil: »Öffentliche Gesundheitspflege« des angeführten Handbuches von Z i e m s s e n, Bd. I, S. 184. »Eingehendere statistische Untersuchungen in dieser Beziehung würden mit Sicherheit ergeben, dafs überall und in jedem Lebensalter die Krankheiten der Atmungsorgane nur in seltenen Fällen der »Erkältung«, dem Einflusse nafskalter Witterung oder scharfer trockener Ostwinde zur Last zu schieben sind, wohl aber meist in engem Zusammenhange mit dem Umstande stehen, dafs gerade solche atmosphärische Verhältnisse die Menschen dauernder in ihre abgeschlossenen Zufluchtsorte verscheuchen und intensivere Verderbnis der in ihnen befindlichen Luft verursachen.«

Im Anschlufs an vorstehende Bemerkung läfst er sich über das Kasernierungswesen der Städte und über die durch dasselbe bedingte Luftverschlechterung als den bedeutendsten Faktor der auftretenden Schädlichkeiten aus und sagt dann weiter: »Es ist eben die kränkste, fast unheilbar erscheinende Stelle unseres socialen Kulturlebens überhaupt, die wir hier nur berühren wollen, und auf die man überall stöfst, wo auch die Sonde eindringen mag, um das Wesen und die Ursache der Störungen öffentlicher Gesundheit zu ergründen.«

R e n k nimmt a. a. O. an, dafs schlechte Luft auch Fr. Renk. noch in anderer als in der sonst angenommenen Weise gesundheitstörend wirken kann. Nämlich ebenso wie nicht wohlschmeckende, winzige Beimischungen der Nahrung die Ernährung beeinträchtigen können — schon die Vorstellung gewisser Beimischungen kann Ekel erregen — ebenso beeinträchtigt die Einwirkung besonderer riechender Stoffe auf das Geruchsorgan sehr wahrscheinlich den Gesamtorganismus. Im Gegensatze zur Wirkung beispielsweise der Waldluft, welche das Wohlgefühl fördert, stören schlechte Riechstoffe das Allgemeinbefinden und erwecken Unlust.

Derartige störende Einwirkungen auf das Allgemeinbefinden dürften aber bei länger fortgesetztem Atmen in verdorbener Luft ebensowenig ohne schädlichen Einfluſs auf den Organismus bleiben, wie die reizlose und dadurch zuletzt ekelerregende Kost z. B. der Gefangenen; weiſs man doch, daſs Kummer über erlittenes Unglück bei längerer Dauer die Energie der körperlichen Funktionen herabsetzen, ja sogar ernstliche Erkrankungen im Gefolge haben kann. Diese Auffassung Renks will eine Anzahl anderer neuerer Forscher ebenfalls nicht von der Hand weisen.

Renk führt noch treffend, was diesen Gegenstand allerdings nur allgemeiner berührt, aus: »Die Menschen haben es gelernt, einen sehr bedeutenden Faktor der Luftverunreinigungen aus ihren Wohnungen zu beseitigen, den Rauch der Feuerungsmaterialien; noch erübrigt ihnen, auch die ganze Menge der übrigen Luftverunreinigungen zu bekämpfen, und dies nicht nur in den Wohnstätten u. s. w.«

Eulenberg und Bach. Eulenberg und Bach halten es für zweckmäſsig, den Kohlensäuregehalt der Zimmerluft als Index für den Grad der Luftverschlechterung zu benutzen, legen im allgemeinen auch Wert darauf, Luftverschlechterungen über die Pettenkofersche Grenze hinaus in den Schulzimmern, soweit thunlich, auszuschlieſsen.

Bezüglich des nicht günstigen Einflusses des Schulbesuchs auf die Gesundheit weichen sie von der überwiegenden Mehrzahl der übrigen Schriftsteller einigermaſsen ab. A. a. O. S. 362 sagen sie: »Für die Morbidität und Mortalität der schulpflichtigen Kinder hat man nicht selten, aber mit Unrecht, die Schule verantwortlich gemacht;« und äuſsern dann weiter, daſs nachteilige Einflüsse der Schule niemals allein Lungenschwindsucht verursachen könnten.

Rietschel äufsert sich in der a. a. O. bezeichneten H. Rietschel.
Festrede über die Schädlichkeit verdorbener Zimmerluft
für die Gesundheit des Menschen wie folgt: »Der Mensch
schützt sich gegen alle ihm sichtbaren Feinde oder unmittelbar fühlbaren schädlichen Einwirkungen, aber gegen
Feinde, welche wie ein langsam, aber sicher wirkendes
Gift die Bedingungen eines gesunden Lebens untergraben,
verhält er sich häufig gleichgültig.«

G. Recknagel drückt a. a. O. S. 516 seine Ansicht G. Recknagel.
dahin aus:

»Weit mehr als akute Katastrophen dürften die langsam heranschleichenden Schäden zu fürchten sein, welche
der Gesundheit aus oft wiederholter, regelmäfsiger Einatmung von Luft erwachsen, die zwar noch nicht bis zur
äufsersten Grenze des Erträglichen verdorben ist, aber
doch bereits so weit von der normalen Beschaffenheit abweicht, dafs sie dem aus der freien Luft Eintretenden
durch üblen Geruch und beklemmende Wirkung auf-
fällt. . . .«

»Es soll nun keineswegs behauptet werden, dafs an-
gestrengte geistige Arbeit geringe Anforderungen an die
Gesundheit stelle, oder dafs unzulängliche oder unpassende
Nahrung für Kraft und Wohlbefinden bedeutungslos sei;
aber nach beiden Beziehungen — Arbeitskraft und Ernährung — wird der Einflufs guter Atemluft zur Zeit
noch bei weitem unterschätzt.«

Hueppe berichtet über eine akute Katastrophe F. Hueppe.
folgendermafsen: »In Kalkutta waren 1756 in einem Waren-
speicher, »das schwarze Loch« genannt, 146 gefangene
Engländer eingesperrt worden; nach 6 Stunden waren 96
erstickt, am nächsten Morgen lebten nur noch 23. . . .«

Recknagel erwähnt a. a. O. S. 515 den schrecklichen Vorgang, der sich am 2. Dezember 1848 auf dem
Schiffe Londonderry ereignete, wo von den in einem dicht
geschlossenen Raume von 40 cbm befindlichen Personen
nach kurzer Zeit über 70 erstickt waren.

Recknagel führt an, daſs besondere Versuche, welche angestellt sind, sowie die Erfahrungen der Bergarbeiter lehren, daſs Luft, welche acht Volumenprozent Kohlensäure enthält, dem Atmenden sofort Übelbefinden verursacht, und er anfängt mit dem Tode zu ringen, auch wenn dieser Gehalt durch Beimischung reiner Kohlensäure zur Luft entstanden ist. — Ist aber die Kohlensäure durch Atmung entstanden, so genügen schon 4%, um die gleiche Wirkung hervorzubringen.

Unter Zugrundelegung dieser Thatsache könne durch eine einfache rechnerische Betrachtung leicht der Satz hergeleitet werden: Die Anzahl der Stunden, welche ein Mensch in einem Raume ohne Luftwechsel aushalten kann, ist höchstens doppelt so groſs als sein in Kubikmetern ausgedrückter Luftkubus.

Wenden wir diesen Satz mit Recknagel auf den Fall des Schiffes Londonderry an, in welchem thatsächlich mehr als 70 Personen in dem Schiffsraum waren, da einige durch gewaltsame Anstrengungen entkamen. Beschränkt man aber die Zahl auf 70, so ist der Luftkubus der Person nur $\frac{4}{7}$ cbm, und der Erstickungstod tritt nach dem Satze nach 2 mal $\frac{4}{7}$ Stunden ein, was mit den beobachteten Thatsachen in guter Übereinstimmung ist.

Baginsky. Baginsky läſst sich in Teil II S. 204 seines angeführten Werkes aus: Die Statistik der kindlichen Tuberkulose läſst noch viel zu wünschen übrig, indessen liegen doch immer einige Daten vor, welche die groſse Gefahr dieser Krankheit für die der Schulzeit angehörende Jugend erkennen lassen. Aus der über die Jahre 1875 bis 1896 geführten preuſsischen Statistik geht hervor, daſs auf 10000 Lebende an Tuberkulose Gestorbene kommen:

im Alter von

5 bis 10 Jahren = 5,58 männliche und 6,79 weibliche
10 » 15 » = 12,70 » » 22,17 »
15 » 20 » = 34,95 » » 43,69 »

Baginsky stellte fest, daſs von 16 163 kranken Kindern, welche im Kaiser und Kaiserin Friedrich Kinderkrankenhause in Berlin Aufnahme fanden, an Tuberkulose erkrankt waren:

im Alter von 4 bis 10 Jahren = 26,58 %,
» » » 10 » 14 » = 8,88 %.

Lorinser habe zuerst mit Bestimmtheit darauf hingewiesen, daſs die mangelhafte Respiration und die leisen kurzen Atemzüge, welche während der Schulstunden durch Körperstellung und Aufmerksamkeit bedingt seien, das wichtigste disponierende Moment der Lungenschwindsucht abgäben, wenn diese auch viel später erst zum Ausbruch käme.

Nach Baginsky (S. 394) gibt Virchow an, daſs Carmichael in einer Parochialschule, welche keinen Hof hatte, so daſs die Kinder die Schulzeit hindurch im Zimmer bleiben muſsten, von 24 Kindern 7 hat an Skrophulose erkranken sehen, einer Krankheit, welche bekanntlich mit der Phthise verschwistert ist. Arnott fand 600 skrophulöse Kinder in einer Schule, deren Ventilation äuſserst mangelhaft war, ohne daſs weitere Ursachen der Skrophulose sich nachweisen lieſsen.

Nach Baginsky (a. a. O.) ist auch Virchow gewillt, »dem Schulbesuch in der Ätiologie der Lungenphthise eine groſse Rolle zuzuschreiben. Virchow betont, daſs insbesondere

1. die schlechte, durch den Aufenthalt vieler Kinder verdorbene Luft;
2. die durch den Wechsel des heiſsen Schullokales mit der freien und kühlen Luft, durch zugige Fenster und Thüren u. s. w. herbeigeführten häufigen Erkältungen, wodurch Hals- und Brustentzündungen in groſser Zahl veranlaſst werden;
3. der Staub der Schule;
4. die durch das anhaltende Sitzen verschlechterten Respirationsbedingungen,

als Quelle der Phthisis betrachtet werden müssen«.

Baginsky nennt unser fein organisiertes Geruchsorgan »den Wächter der Lungen«. Es würde diese Stelle
noch besser ausfüllen, wenn es nicht an dem, wenigstens
in dieser Beziehung grofsen Fehler der relativen Beurteilung und der leichten Accommodation litte.

Krieger.   Der Geheime Medizinalrat Dr. Krieger, der Heraus-
geber des »Archivs für öffentliche Gesundheitspflege in
Elsafs-Lothringen«, vertritt in seiner Schrift »Der Wert
der Ventilation« eine Auffassung über den Wert der Lufterneuerung, welche z. T. weit von der allgemein gültigen
Anschauung abweicht. Der Gesundheitsrat der Stadt
Strafsburg i. E. wurde von der Verwaltung dieser Stadt
aufgefordert, ein Gutachten darüber abzugeben, wie die
ihr zu hoch erscheinenden Anlage- und Betriebskosten der
Heizung und Lüftung einiger neuerer Schulen zu ermäfsigen
wären. Krieger hat dies Gutachten im Auftrage des
Gesundheitsrates erstattet und in der erwähnten Schrift
der Öffentlichkeit zugänglich gemacht.

Er geht darin davon aus, dafs nach den von Hermans
unter der Leitung von Forster in Strafsburg ausgeführten
Untersuchungen, der Mensch durch Atmung und Ausdün-
stung nur Wasser und Kohlensäure ausscheidet. Krieger
hält das Suchen nach dem Atmungsgifte (Anthropotoxin),
welches vielfach für das eigentlich Schädliche veratmeter
Luft gehalten wird, für aussichtslos.

Krieger nimmt den vorwiegenden Aufenthalt in geschlossenen Räumen während der Berufsthätigkeit, gleich
allen anderen Forschern, als eine Hauptursache der Vermehrung der Volkssterblichkeit an. Hierbei mifst er indessen,
im Gegensatz zu Pettenkofer, welcher im wesentlichen
die durch Atmung verschlechterte Luft für das Gesundheits-
schädigende des Stubenaufenthalts hält, eine hauptsäch-
liche Schuld an der Gesundheitsbeeinträchtigung dem mit
dem Aufenthalt in geschlossenen Räumen in der Regel
verbundenen Mangel an Muskelthätigkeit bei. Er hält in
Bezug auf den Aufenthalt im Zimmer die »Wärmeökonomie«

des Körpers für außerordentlich wichtig, für wichtiger als
die Vermeidung veratmeter Luft. Das Leiden an kalten
Füßen nennt er ein Leiden ersten Ranges, es sei größer
als die Leiden, die von unreiner Luft herrührten. Er
führt an, daß bei Tierversuchen kalte Tiere viel mehr
der Infektion unterlägen als warme Tiere, daß zu trockene
und zu feuchte Luft, sowie die dadurch im menschlichen
Körper veranlaßte Wärmestauung viel schädlicher wären
als verbrauchte Luft, und daß die Erkältbarkeit in zu
heißer und dunstiger Luft sehr zunähme.

Von den Schlußsätzen, in welche Krieger seine
Betrachtungen zusammenfaßt, sei einiges wörtlich mit-
geteilt:

»1. Der hygienische Wert der Ventilation zum Zwecke
der Herstellung einer »reinen« Luft in Wohnungen, Schulen
und Krankenzimmern ist nicht so groß, als gewöhnlich
angenommen wird. Viel wichtiger ist die Ventilation im
Interesse der Wärmeökonomie des Körpers zur Herstellung
einer angemessenen Temperatur und Bewegung der Luft,
sowie zur Regulierung des Feuchtigkeitsgehaltes derselben.
Bei der Ventilation zur Herstellung einer reinen Luft ist
stets der Einfluß auf die Wärmeökonomie zu beachten.
Innerhalb gewisser Grenzen ist die Rücksicht auf die
letztere wichtiger als die Beschaffung einer »reinen« Luft.

Zur Entfernung von Staub und Luftkeimen leistet die
gewöhnliche Ventilation nichts, sie kann unter Umständen
sogar nachteilig wirken.

2. In Wohn- und Schlafräumen, Schul- und Krankenzimmern können sehr wohl mittels der für unsere Wärmeökonomie überhaupt unentbehrlichen Fensterlüftung auch
während der Heizperiode vollständig genügende und be-
friedigende Zustände der Reinheit der Luft erzielt werden....
Die Fenster müssen zum Zwecke der Lüftung mit Ober-
flügeln versehen sein, welche sich bis zu einem Winkel
von 45° in das Zimmer hineinlegen und sich leicht und
bequem öffnen und schließen lassen.

3. Für die in Ziffer 2 genannten Räume sind in der Regel weitere Ventilationseinrichtungen entbehrlich....«

Auch für Gefängnisse hält Krieger die künstliche Ventilation nicht für erforderlich, wohl aber für Versammlungsräume, Theater u. dergl., und dies letztere weniger um die Luftverschlechterung zu verhindern, als vielmehr um eine Wärmestauung im Körper zu verhüten, welche bei dem starken Aneinanderrücken der Personen und bei der hierdurch veranlafsten hochgradigen Hemmung der seitlichen Wärmeabgabe sonst eintreten wird. Fensteröffnen allein genüge hier nicht.

Auch zur Vermeidung des durch gasige Erzeugnisse der zusammengedrängten zahlreichen Personen veranlafsten üblen Geruches, als eines unangenehmen Sinneseindruckes, hält Krieger für Versammlungsräume die künstliche Ventilation für erforderlich. Er empfiehlt für diese Räume sogar, eine Überschreitung des Kohlensäuregehaltes der Luft von 1,5 vom Tausend und darüber zu vermeiden.

Wir werden noch später auf die Kriegerschen Ausführungen mit einigen Bemerkungen über dieselben zurückkommen.

M. Rubner.   Wir lassen nun Rubner nach seinem genannten Lehrbuch S. 196 sprechen:

»Wir wissen zwar heute noch nicht genau, welcher Art diese riechenden Stoffe sind, welche so mächtig einwirken, wennschon sie wohl der Atmung und Hautausdünstung im weitesten Sinne entstammen, und bei unreinlicher Haut wie Kleidung, bei gewissen Krankheiten, bei kräftiger Transpiration, mit Alter und Geschlecht so verschieden sind. Wir wissen nicht, ob nicht neben den riechenden noch andere sich finden, die dem Geruchsorgane entgehen, ob sie uns schädigen, indem wir die fremden atmen oder dadurch, dafs bei ihrer Anwesenheit in der Luft etwa die von uns selbst erzeugten im Körper zurückbleiben (Pettenkofer).« Es sei irrtümlich, die schädlichen Wirkungen veratmeter Luft allein diesen Stoffen

zuzuschreiben. Der Wasserdampf dichtbewohnter Räume
könne auch störend auf das Befinden wirken.

Im 10. Abschnitt, Gewerbe-Hygiene, gibt R u b n e r
eine Zusammenstellung über die relative Sterblichkeit der
Männer von 45 bis 65 Jahren an Schwindsucht und anderen Lungenkrankheiten, nach O l g e, die Sterblichkeit
der Fischer = 100 gesetzt:

Beruf	Schwindsucht	Sonstige Krankheiten der Respirationsorgane	Summe beider Gruppen
Reine Luft:			
Fischer	55	45	100
Gärtner	61	56	117
Ländliche Arbeiter	62	79	141
Schlechte Luft:			
Krämer	84	59	143
Tuchhändler . .	152	65	217
Sehr schlechte Luft:			
Schneider . . .	144	94	238
Buchdrucker . .	233	84	317

»Obige Tabelle zeigt, wie die schlechte Luft in den
Arbeitsräumen eine Mehrung der Lungenkrankheiten im
allgemeinen und der Schwindsucht im besonderen herbei-
führt.«

Im XIII. Abschnitt bespricht R u b n e r die Tuberkulose.
Er hält sie unter den Gefahren der parasitären Krankheits-
erreger für die gröfste.

In Preufsen starben auf eine Million Lebender, berechnet von der Altersklasse zwischen 15 bis 60 Jahren,
im Reg.-Bez. Königsberg nur 1720, im Bezirke Osnabrück
aber 4034 Personen an Schwindsucht. »Die Tuberkulose
ist eben eine Krankheit nicht nur der Städte, sondern
namentlich der industriellen Bezirke....« »Im ganzen,
kann man sagen, trägt die Tuberkulose den Charakter einer
»Stubenkrankheit«, je mehr der Beruf in geschlossenen
Räumen ausgeübt wird, um so höher ist die Tuberkulose-

sterblichkeit.« Die häufigste Übertragungsweise dürfte nach Rubner die Einatmung von infiziertem Wohnungsstaub sein.

»Nach den Ermittelungen der Ortskrankenkasse in Krefeld treffen auf 100 Todesfälle:

Bei Webern . . . 57 auf Schwindsucht
> Fabrikarbeitern 68 » »
> Färbern . . 64 » »
» Appreteuren . 92 » »

Im Gesamtdurchschnitte sind 62 von 100 Todesfällen durch Schwindsucht erzeugt, d. h. doppelt so viel, als alle anderen Krankheitsfälle und Unglücksfälle zusammengenommen liefern.«

Es ist nicht zu bezweifeln, sagt Rubner, dafs es überdies mehr Tuberkulöse gibt, als man nach der Totenziffer erwarten sollte; denn gerade unter den Phthisikern sterben viele an anderen Krankheiten, die sie noch zu ihren Leiden hinzu acquirieren, und keineswegs wird jede leichte Form der Phthise als solche erkannt.«

**Weiterentwicke-
lung der Statistik** Wir verlassen hiermit die Auslassungen von Schriftstellern über die Bedeutung reiner Atemluft in geschlossenen Räumen. Wir haben diese Auslassungen nach der Zeitfolge des Erscheinens der in Bezug genommenen Litteratur wiedergegeben. Wir können die Beobachtung machen, dafs die Überzeugung der Forscher über die mächtige Wirkung der Atemluft mehr und mehr durch die Feststellungen und durch die Verwertung der statistischen Wissenschaft, wenigstens für die Verhältnisse in Räumen zum Wohnen oder zum dauernden Aufenthalt, eine ziffermäfsige und unwiderlegliche Erhärtung erfahren haben. Hoffen wir, dafs die Statistik auch bezüglich des schwieriger liegenden Falls des »vorübergehenden Aufenthalts« bald eine ebenso sichere Beweiskraft erlange.

Mangels dieser Zahlenbeweise, namentlich für letzteren Fall, möge uns die Ausführlichkeit in der vorstehenden Wiedergabe von Meinungen und Überzeugungen aus der Litteratur zu Gute gehalten werden.

Mit Rücksicht auf den hohen Wert auch der kleinsten treffenden diesbezüglichen statistischen Feststellung sollte man keine geeignete Gelegenheit versäumen, z. B. beim Beziehen neugebauter Gefängnisse, Kasernen, Alumnate u. dergl., vielleicht auch bei Schulen, die Zahl der Krankheits- und Sterbefälle im alten Bau bei schlechter, und dann bei verbesserter Beschaffenheit der Atemluft im Neubau, sowie die zugehörigen Grade der Luftverschlechterung festzustellen.

Kapitel II.

Über die in wichtigen Arten von Räumen für vorübergehenden Aufenthalt vorhandene Beschaffenheit der Luft in Beziehung auf den Pettenkoferschen Grenzwert, über einzelne empfehlenswerte Ventilationseinrichtungen, und über die Verbreitung der Ventilationseinrichtungen.

I. Grenzfestsetzungen Pettenkofers und Einwendungen dagegen.

Wie schon angedeutet, hat Pettenkofer um 1855 herum durch sorgfältigste Beobachtungen mittels seines Geruchsinnes und des Geruchsinnes von anderen festgestellt, daſs man eine Luft, bei welcher der durch den Menschen gesteigerte Kohlensäuregehalt die Grenze 1 v. Taus. übersteigt, als schlecht zu erklären habe, denn man wird jede Luft, welche auf unsere Sinne oder unser Befinden anders wirkt, als die Luft im Freien, mit Recht für verunreinigt zu halten haben. Der Kohlensäuregehalt ist hierbei nur als Gradmesser der sämtlichen Schädlichkeiten der verschlechterten Luft aufzufassen. Eine Zimmerluft, in der wir uns bei beständigem Aufenthalt wohl befinden und die man als gut erklären kann, hat einen Kohlensäuregehalt von $0,7\,^0/_{00}$. Diese Grenzfestsetzungen Pettenkofers sind seither nur wenig angefochten worden.

Auf Grund von Festsetzungen, die den seinen ganz
entsprechend sind, sind im letzten halben Jahrhundert bei
den gebildeten Völkern die Ventilationstechnik und mit
ihr die Ventilationslehre zur Entwickelung gebracht worden.
Im Dienste der Heiz- und Ventilationstechnik steht eine
auf viele Hunderte sich belaufende Zahl von nach wissenschaftlichen Grundsätzen arbeitenden, technisch hochgebil-
deten Ingenieuren.

Über die Schrift K r i e g e r s, welcher, wie erwähnt, sich
z. T. in Gegensatz zu den P e t t e n k o f e r schen Grenzfestsetzungen stellt, läfst sich H. Chr. N u f s b a u m in der
deutschen Vierteljahrsschrift für öffent. Gesundheitspflege,
1900, S. 326 folgendermafsen aus: »Der Hauptzweck der
Schrift (K r i e g e r s), dort Einhalt zu gebieten, wo über-
trieben hohe oder unberechtigte Ansprüche an die Lüftungs-
weise der öffentlichen Gebäude die Stadtverwaltungen zu
unnötigen Ausgaben zwingen, welche besser zu bedeut-
sameren gesundheitlichen Einrichtungen aufgespart würden,
verdient volle Anerkennung. Dagegen geht der Verfasser
in diesem Streben ganz entschieden zu weit, wenn er die
Bedeutung der Lufterneuerung für die menschliche Gesundheit ziemlich gering anschlägt.«

Wir können uns diesen Ausführungen N u f s b a u m s
nur anschliefsen. Eine Beurteilung der K r i e g e r schen
Schrift nach der rein medizinischen Richtung liegt allerdings wohl aufserhalb des Rahmens unserer Betrachtungen.
Was die technische Seite jener Schrift angeht, so müssen
wir jedoch betonen, dafs, wenn auch die künstlichen
Ventilationseinrichtungen in manchen Fällen unter zu
grofser Künstlichkeit leiden, und u. E. hier Einfachheit
der Handhabung oberstes Gesetz sein müfste, es das Kind
mit dem Bade ausschütten hiefse, wenn man z. B. bei
Schulen und Krankenhäusern auf die künstliche Ventilation allein zu gunsten der gewifs sehr wichtigen und
unentbehrlichen, nur durch Fensteröffnen zu bewirkenden
Lüftung verzichten wollte. Widerspricht dem doch schon

Bemerkungen
zu Kriegers Aus-
führungen.

der Umstand, daß die mit der künstlichen Lüftung vielfach untrennbar verbundene Centralheizung sich immer
schneller ausbreitet, und selbst bei Privatwohnungen mehrfach schon für unentbehrlich gehalten wird.

Aus später näher mitzuteilenden exakten Versuchen
Pettenkofers werden wir ersehen, daß das Fensteröffnen
in der wärmeren Jahreszeit nur eine ziemlich beschränkte
Lufterneuerung bewirkt, welche bei Anwesenheit einer
größeren Anzahl von Personen in einem Raume auch
nicht einmal den geringeren Kriegerschen Ansprüchen
an Luftreinheit genügt. Letzterer möchte, wie wir hier
einschalten, bei Schulzimmern den Kohlensäuregehalt der
Luft von 3 v. Taus. im allgemeinen nicht überschritten
wissen. Nußbaum hat nach dem erwähnten Bericht fest-
gestellt, daß bei Fehlen von Gegenzug, es $\frac{1}{4}$ bis $\frac{1}{2}$ Stunde,
unter ungünstigen Verhältnissen sogar eine ganze Stunde
dauert, bis einer der gewöhnlichen Gerüche durch Fensteröffnen aus einem Zimmer entfernt ist.

Das Lüften mittels Fensteröffnens wird auch vielfach
ganz unterbleiben, da es von dem guten Willen oft nicht
einsichtiger und läßiger Personen zu sehr abhängt, und
da ihm bezüglich der kalten Jahreszeit ein weitverbreitetes,
schwer zu überwindendes Vorurteil entgegensteht, welchem
auch für schwächliche und kränkliche Personen eine gewisse Berechtigung nicht abzusprechen ist.

Nach den Arbeiten von Stern ist zwar anzunehmen,
daß die Luft, selbst bei einem durch Ventilation bewirkten
dreimaligen Luftwechsel in der Stunde, nicht wesentlich
schneller keimfrei, also staubfrei wird als durch bloßes
Absetzen. Dessenungeachtet kann man der künstlichen
Ventilation selbst für die Beseitigung des gewöhnlichen
Zimmerstaubes nicht jeden Wert absprechen. Ist man
doch in der Gewerbehygiene in Bezug auf Beseitigung des
oft mörderisch wirkenden Staubes gewisser, namentlich in
Großwerkstätten verarbeiteter Arbeitsstoffe lediglich, allerdings auf eine besondere Art künstlicher Ventilation,

angewiesen. Wir werden auf die bemerkenswerten Kriegerschen Darlegungen, die übrigens scharfe Beobachtung und
reiche praktische Erfahrung darthun, in manchen Einzel-
heiten noch zurückkommen.

Sehen wir uns nun um, wie den vorerwähnten Grenzfestsetzungen Pettenkofers durch die thatsächliche Luftbeschaffenheit in einigen wichtigen Arten von menschlichen Aufenthaltsräumen entsprochen wird.

2. Die Privatwohnung.

Die Besprechung der Privatwohnung, da zu dauerndem Aufenthalt bestimmt, überschreitet in etwas die Grenzen unserer Aufgabe, welche sich im wesentlichen nur auf
Räume für vorübergehenden Aufenthalt beschränken soll.
Für die Betrachtung der letzteren in Beziehung auf Luft
wird indessen ein geeigneter Ausgangspunkt gewonnen,
und werden anschauliche Vergleiche ermöglicht, wenn wir
zunächst die Luftverhältnisse eines gewöhnlichen Wohnraumes, wenn auch nur kurz, berühren.

Pettenkofer unterzieht in den populären Vor- Pettenkofers Ver-
lesungen a. a. O. Heft 1, S. 67 die Verhältnisse des für suche über d. Gröfse
des Luftwechsels
den Menschen wichtigsten Aufenthaltsraumes, eines solchen eines gewöhnlichen
Wohnraumes, einer Betrachtung. Er nimmt einen Raum Wohnzimmers.
von 75 cbm (etwa 4,4 m $\times$ 5,0 m bei 3,5 m Höhe) und
stellt durch Kohlensäuremessungen fest, dafs bei 19° C.
Temperaturdifferenz zwischen innen und aufsen in einer
Stunde 75 cbm frische Luft dem Zimmer unter gewöhnlichen Verhältnissen zufliefsen, also ein einmaliger Luftwechsel stattfindet. Bei lebhaftem Feuer und geöffneter
Ofenthür beträgt der Luftwechsel 94 cbm. Bei einer
Temperaturdifferenz von 4° (Sommer) beträgt der Luftwechsel nur 22 cbm, bei Öffnen eines Fensterflügels steigt
der stündliche Luftwechsel dabei auf 42 cbm.

Für einen Erwachsenen nimmt man einen stündlichen
Luftwechsel von 31 cbm als erforderlich an, bei welchem

der Grenzwert 1 %$_{\infty}$ CO$_2$-Gehalt nicht überschritten wird. Man sieht, dafs in einem Zimmer der angenommenen Gröfse im Sommer der für eine Person erforderliche Luftwechsel nur durch anhaltendes Öffnen der Fenster erreicht wird.

G. Recknagel unterzieht a. a. O. S. 517 unter anderem auch diesen an Wichtigkeit obenan stehenden Fall der Luftverhältnisse in einem Wohnzimmer in anziehender Weise einer eingehenden Erörterung, der wir in nachstehendem folgen: Er will dabei dem selbst von manchen Praktikern geteilten Vorurteil entgegentreten, dafs die Frage der Versorgung des Privathauses mit guter Luft durch künstliche Ventilation nicht eine besonders dringende **Recknagels Tabellen über die Änderung des CO$_2$-Gehaltes, nach Zeit, Zahl der Personen u. Gröfse des Raumes.** sei. Er entwickelt zunächst die für das Gesamtgebiet der Ventilationslehre geltenden mathematischen Formeln zur Feststellung des Zusammenhangs zwischen dem ursprünglichen Kohlensäuregehalt einer Zimmerluft und dem nach einer gewissen Zeit vorhandenen, wenn inzwischen sowohl Kohlensäure im Zimmer entwickelt als frische Luft von aufsen zugeführt wird, stellt Tabellen auf für die Berechnung des Luftwechsels aus der gemessenen Abnahme des Kohlensäuregehaltes und stellt die Beziehungen fest zwischen dem Ventilationsbedarf für dauernden und dem für zeitweiligen Aufenthalt. Mit Hilfe dieser Feststellungen berechnet er u. a. ebenfalls für ein 75 cbm grofses Zimmer bei der Annahme einer $^1/_4$ Lufterneuerung in der Stunde folgende Tabelle:

Personen	Luft-kubus	Der Kohlensäuregehalt nach Stunden:				
		$^1/_4$	$^1/_2$	1	2	∞
1	75	0,46	0,53	0,63	0,82	1,47
2	38	0,53	0,65	0,87	1,24	2,53
3	25	0,59	0,78	1,10	1,66	3,60
4	19	0,66	0,90	1,34	2,08	4,67
5	15	0,72	1,03	1,57	2,50	5,73
10	$7^1/_2$	1,05	1,66	2,75	4,60	11,07

In der Tabelle bedeutet Luftkubus der auf eine Person entfallende Teil des Rauminhalts des Zimmers, das Zeichen ∞ bedeutet bei dauerndem Aufenthalt. Reck - nagel führt aus, daſs man den natürlichen Luftwechsel, d. h. denjenigen, welcher ohne unser Zuthun durch die Fugen der Fenster, Thüren, des Fuſsbodens, sowie durch die Poren der Baumaterialien vor sich geht, bei gewöhn- lich gut ausgestatteten Häusern, nicht allzu ausgesetzter Lage, bei Temperaturdifferenzen von 5 bis 15°, also bei mittleren Verhältnissen, nicht wohl höher als $\frac{1}{4}$, und selbst unter sehr günstigen Umständen selten gröſser als $\frac{1}{2}$ finden wird.

Man entnimmt aus der Tabelle, daſs unter gewöhn- lichen Umständen eine Person die Luft eines mittelgroſsen Zimmers, wenigstens bei dauerndem Aufenthalt, über das zuläſsige Maſs hinaus (CO_2-Gehalt von 1 ⁰/₀₀) verdirbt. Dieses durch Rechnung gefundene Ergebnis ergibt noch einen etwas geringeren Luftwechsel als wie er sich nach den Kohlensäuremessungen Pettenkofers für ein Zimmer von gleicher Gröſse herausstellte. Aus anderen, entsprechend der obigen aufgestellten Tabellen für gröſsere Zimmer, weist R. nach, daſs nur in einem sehr groſsen Zimmer von 150 cbm (z. B. 7 m lang, 6 m breit, 3,6 m hoch) die Luft trotz des dauernden Aufenthalts einer Person hinreichend rein bleibt.

Drei Personen oder zwei Erwachsene und zwei Kinder erfreuen sich selbst in einem solchen sehr groſsen Schlaf- zimmer von 150 cbm nur zwei Stunden lang leidlich guter Luft, in den folgenden Stunden der Nacht atmen sie eine Luft, welche der aus dem Freien Eintretende als übel- riechend und beklemmend bezeichnen würde. Auf diese Thatsachen, meint Recknagel, ist vielleicht die Meinung von der besonders wohlthätigen Wirkung des vormitter- nächtlichen Schlafes zurückzuführen.

Für zehn Personen würde man ein Gastzimmer von der angenommenen Gröſse von 75 cbm für ›sehr gemüt- lich‹ erklären. Man ersieht aus der Tabelle, daſs diese

zehn Personen »schon nach einer halben Stunde die Luft
übermäfsig verdorben haben und nach zwei Stunden etwas
einatmen würden, was kaum weniger Widerstandsfähigkeit
voraussetzt, als die Anhäufung alkoholischer Getränke.«

Eine gewöhnlich starke Familie von fünf Köpfen,
welche auf ein solches mittelgrofses Zimmer angewiesen
ist, würde schon nach einer halben Stunde eine Luft von
mehr als 1 %₀, und bei dauerndem Aufenthalt eine solche
von 5,73 %₀ CO_2-Gehalt, also eine aufserordentlich stark
verdorbene Luft zu atmen haben.

Die einfache Venti-
lationseinrichtung
m. Frischluftkanal
u. Abluftvorricht. Nachdem Recknagel den Beweis erbracht, dafs auch
für das Privathaus die Herstellung besonderer Vorkehrungen
für eine ausgiebige Ventilation meist notwendig ist, zumal
durch das daneben thunlichst voll anzuwendende Fensteröffnen oft ein lästiger und auch unzulässiger Zug herbeigeführt und vielfach doch kein genügender Luftwechsel
erreicht werden kann, gibt er (S. 653) die praktische Anweisung zur Herstellung einer Ventilationseinrichtung für
das Privathaus, wobei er wohl mit Recht anführen kann,
dafs er sich hierbei auf die gute Wirksamkeit ausgeführter
Anlagen stützen könne. Die von ihm beschriebene Ventilationsanlage ist an sich bekannt und öfters ausgeführt.
Von besonderem Wert für unsere Betrachtungen, sowie
für eine sachgemäfse Ausführung der Anlage ist Recknagels rechnerische Begründung derselben und die rechnerische Ermittelung der Querschnitte für die Leitungs-
kanäle u. s. w. der Zu- und der Abluft. Er stellt es,
zunächst die Winterlüftung ins Auge fassend, als unerläfs-
lich fest, dafs die frische Luft, bevor sie dem Zimmer
zugeführt wird, erst auf Zimmertemperatur erwärmt wird.
Die Anlage ist verwendbar namentlich für das weite Gebiet der Einzel-Ofenheizung. Zum Zwecke der Erwärmung
findet die Ausströmung der Zuluft bei Kachelofenheizung
zwischen Ofen und Wand, dicht über dem Fufsboden, nach
aufwärts gerichtet, statt. Die Öffnung hat eine Stellvorrichtung. Der Luftzuführungskanal ist von Zink oder

Eisen, hat 'einen' flach-rechteckigen Querschnitt, der sich am besten in die Zwischenräume zwischen den Decken-balken oder zwischen die Fußbodenlager über den Keller-gewölben einfügt. Die Öffnung an der Hausaußenseite hat den gleichen Querschnitt wie der Kanal. Eine Ver-gitterung ist entbehrlich, würde auch zughemmend sein. Diese Öffnung muß, wenn sie dem Vorbeistreichen des Windes ausgesetzt ist, mit Windfang versehen werden. Der Kanalquerschnitt beträgt für ein geräumiges Zimmer von 7 m Länge, 5 m Breite und 3,6 m Höhe (126 cbm) 0,4 m zu 0,2 m. Diese Vorrichtung führt dem Zimmer bei 25 ° Temperaturdifferenz (— 5 ° Außentemperatur) nach genauer Berechnung 61,6 cbm frische Luft zu. Schließt man den Kanal, so ergibt bei gleicher Außentemperatur die kapillare Einströmung (natürliche Ventilation) nur eine zugeführte Luftmenge von 15,1 cbm. Die Lüftungsvorrich-tung hat, wie Recknagel an der Hand der mathemati-schen Herleitungen nachweist, den Erfolg, daß der Zug kalter Luft an den Außenwänden fast ganz aufhört, da die Außenwände in ihrer ganzen Höhe durch den Luft-kanal unter Druck von innen nach außen gesetzt werden, während ohne künstliche Ventilation durch die Poren des unteren Teiles der Außenwände kalte Luft von außen einströmt und Zug verursacht. Die stündlich geförderte Luftmenge von 61,6 cbm reicht nach unseren früheren Angaben für den dauernden Aufenthalt von zwei Personen aus. Eine Vergrößerung dieser Luftmenge durch Ver-größerung des Kanalquerschnittes läßt sich nicht erreichen, da jeder Zimmergröße bezw. jedem Lüftungsvermögen eines Zimmers ein bestimmter kleinster Kanalquerschnitt entspricht, bei dessen Vergrößerung die geförderte Luft-menge nicht mehr oder nur noch um ein nicht mehr be-achtenswertes Maß vermehrt wird. Dieser Querschnitt wird in unserem Falle durch die Größe 0,4 m $\times$ 0,2 m = 0,08 qm dargestellt. Die in Rede stehende Luftmenge von 61,6 cbm würde sich auch verkleinern, wenn die der

Rechnung zu Grunde liegende Temperaturdifferenz von 25° geringer werden würde.

Will man die Leistungsfähigkeit der Ventilationsanlage erhöhen, so muſs man zu der Luftzuführung noch einen freien Abzug für die entweichende Luft hinzufügen, wodurch man erst eine »vollständige Lüftungseinrichtung« erhält. Stellt man für eine solche die Bedingung, daſs die neutrale Zone des Luftausgleichs in 0,8 m Höhe über Fuſsboden (Fensterbrüstungshöhe) sich halten soll, damit kein lästiger Zug durch die Fensterritzen stattfindet, daſs der freie Abzug in Kopfhöhe (1,6 m) liegt und daſs die Menge der zugeführten frischen Luft ein Maximum sein soll, so erhält man bei sonst gleichen Verhältnissen wie bei der vorher beschriebenen Lüftungseinrichtung, durch Berechnung für die Abzugsöffnung einen erforderlichen Querschnitt von 0,06 qm. Die Leistung des Frischluftkanals berechnet sich bei Annahme eines solchen Abzugs auf 196 cbm, welches rechnungsmäſsige Ergebnis ja leicht durch anemometrische Messungen auf seine Richtigkeit zu prüfen ist. Der freie Abzug kann durch einen stellbaren Fensterschieber hergestellt werden. Durch Stellung dieses Schiebers und in zweiter Linie auch der Stellvorrichtung am Frischluftkanal kann die gewünschte Luftzuführung bemessen und auch dem Einflusse des Windes Rechnung getragen werden. Der Höchstbetrag der Luftmenge von 196 cbm reicht für dauernden Aufenthalt von sechs Erwachsenen aus. Bei geringerem Unterschiede der Temperaturen als 25° fällt dieser Betrag von 196 cbm mit den Quadratwurzeln aus den Temperaturunterschieden, so daſs er bei 9° Temperaturunterschied noch $^3/_5 \times 196 = 120$ cbm und bei 4° Temperaturunterschied noch $^2/_5 \times 196 = 80$ cbm betragen würde.

An die Stelle des Fensterschiebers dieser Anlage kann ein, wenn möglich in die Nähe eines Rauchrohres gelegtes, Mauerrohr treten. Dasselbe ist dem Fensterschieber wegen der besseren Wärmeökonomie vorzuziehen. Es würde in unserem Falle die Weite von 0,2 m zu 0,2 m rechnungsmäfsig erhalten. Jeder über solchem Abzugskamin im Freien angebrachte Aufsatz in den gebräuchlichen Formen würde im allgemeinen nur störend wirken.

Ein Fensterschieber ohne Frischluftkanal würde nicht anders als ein etwas geöffnetes Fenster wirken. Ein wie vorstehend beschriebener freier Abzug in der Mauer (ungeheizter Abluftkamin), ohne Frischluftkanal, würde in unserem Beispiel bei 25° Temperaturunterschied und bei 4 m Höhe des Kamins 68 cbm Luftwechsel ergeben.

Recknagel bemerkt sehr richtig, dafs letztere einseitige, viel angewandte Lüftungsvorrichtung keineswegs gleichwertig mit einem Zuluftkanal ist, da sie beinahe die ganze aufrechte Wand unter Überdruck von aufsen nach innen setzt, mithin kalten Zug erzeugt, und da neben der reinen Aufsenluft auch unreine Luft aus anderen Räumen des Hauses angesaugt wird.

Die obige vollständige Lüftungsanlage, Frischluftkanal in Verbindung mit ungeheiztem Abzugskamin, wird alle Anforderungen an eine gesundheitsgemäfse Zimmerlüftung eines Familienhauses bei etwas reichlicher Bemessung der Querschnitte erfüllen.

Die gröfsten Ansprüche bezüglich Luftwechsel macht das Schlafzimmer, da der Aufenthalt mehrerer Personen darin der am längsten dauernde ist. Nimmt man in dem behandelten Beispiel an, dafs das Zimmer als Schlafzimmer für zwei Erwachsene und zwei Kinder benutzt werden soll, so sind $2 \times 31 + 2 \times$ i. M. 15 = 90 bis 100 cbm frische Luft stündlich erforderlich. Das leistet die Anlage selbst noch bei 5° Temperaturunterschied, da selbst in Sommernächten die Aufsentemperatur fast immer schneller sinkt als die Temperatur des besetzten Schlafzimmers.

Es wird vielfach angenommen, dafs eine kräftige Ventilation die Heizungskosten übermäfsig erhöhe. Recknagel berechnet indessen: 100 cbm Luft erfordern für eine Temperaturerhöhung um 20° 624 Wärmeeinheiten.

Jährliche Betriebskosten einer Ventilationseinrichtung für eine Familienwohnung.

Ein stündlicher Luftwechsel von 100 cbm während eines Tages erfordert 24 × 624 = rd. 15000 Wärmeeinheiten, welche von rund 5 kg Steinkohlen zum Preise von 0,15 Mk. geliefert werden. Hat man am Tage ein Wohnzimmer und ein Arbeitszimmer, nachts zwei Schlafzimmer, jedes stündlich mit 50 cbm frischer Luft zu versehen, so würden die Lüftungskosten insgesamt für eine Heizperiode von 180 Tagen 180 × 0,15 = 27 Mk. betragen, also nur eine kleine Summe, durch deren Aufwendung sehr viel dazu beigetragen wird, lästige Krankheiten der Atmungsorgane und der Nerven bei den Familienmitgliedern zu vermeiden.

Wir wenden uns nun der Betrachtung zu, wie sich die Luft in den Schulen zu den Forderungen der wissenschaftlichen Gesundheitslehre verhält.

3. Feststellungen bezüglich der in Schulen vorhandenen Luftbeschaffenheit.

Bezüglich der Wichtigkeit dieser Frage genüge der bereits erwähnte Hinweis, daſs bei der allgemeinen Schulpflicht bei uns die gesamte Jugend des Volkes mindestens 8 bis 10 Jahre lang fast den fünften Teil des Tages auf die Luft der Schulräume angewiesen ist. Kohlensäuremessungen zur Feststellung der Luftbeschaffenheit in Schulräumen sind seit etwa drei Jahrzehnten in gröſserer Zahl angestellt worden. Aus ihnen ersieht man unschwer, daſs die Kohlensäureanhäufung da überall eine auſserordentlich starke war, wo es sich um Schulräume ohne künstliche Ventilationsvorrichtungen handelte, welche letztere bei den zuerst untersuchten Schulräumen noch kaum vorhanden waren. Die Ausführung der nach wissenschaftlichen Grundsätzen ausgeführten Lüftungsanlagen reicht, wie angedeutet, kaum 50 Jahre zurück.

Zeit der Entstehung der künstlichen Ventilation.

Pettenkofers Mitteilungen in Heft 1 seiner populären Vorträge bezüglich der Vorgänge beim Bau des Hospitals »la Riboisière« in Paris, a. a. O. S. 65, bestätigen dies. Die Verbreitung derartiger Lüftungsanlagen ist sodann eine sehr allmähliche gewesen.

Baring untersuchte die Schulen in Celle auf ihren Kohlensäuregehalt und fand in den Klassen der Volksschulen meist über 9‰, in einer sogar 12‰, während die Luft in den Klassen der Gymnasien 2 bis 5 vom Tausend Kohlensäure enthielt. Kohlensäureunter-suchungen v. Baring und Dr. Breiting.

Dr. Breiting stellte nach Recknagel am 15. Januar 1869 den Kohlensäuregehalt in der Volksschule im Luftgäfslein in Basel fest. In der I. Klasse waren anwesend 66 Knaben von 7 bis 8 Jahren; Rauminhalt der Klasse 232 cbm, also 3,3 cbm für den Schüler; Doppelfenster; keine Lüftungseinrichtungen; Temperaturunterschied 11,7° bis 13°. Morgens 8 Uhr 2,58‰ CO_2-Gehalt; nachmittags 4 Uhr 8,66‰. Stündlicher Luftwechsel: 0,12fach. In den Pausen verliefsen viele Schüler das Zimmer. Mittags wurde nicht gelüftet. Eine Feststellung in derselben Klasse, ohne Vorfenster, bei 3,3° Temperaturunterschied ergab um 8 Uhr vor Beginn des Unterrichts 1,01‰ Kohlensäuregehalt und um 11 Uhr bereits 7,3‰. Luftwechsel: 0,075fach.

Bei beiden Untersuchungen fällt der besonders festgestellte geringe stündliche Luftwechsel auf, der im ersten Fall etwas über $1/10$, im andern unter $1/10$ des Rauminhalts der Klasse bleibt.

Eulenberg und Bach sagen a. a. O. S. 266, dafs im allgemeinen angenommen werden kann, dafs der Kohlensäuregehalt bei nur natürlicher Ventilation am Ende der ersten Unterrichtsstunde 3 bis 4 v. Taus. beträgt und am Ende der dritten und vierten Stunde auf 6 bis 8 v. Taus. steigt, wenn auch der Luftraum für jeden Schüler ein günstiger ist.

Aus den eingehenden Mitteilungen Rietschels a. a. O. über die von ihm im Jahre 1883 ausgeführten und wissenschaftlich verwerteten Untersuchungen in zwölf Berliner höheren Schulen bezw. Lehranstalten entnehmen wir: Rietschels Kohlen-säuremessungen.

Bei der mit Kachelofenheizung ausgestatteten, 60 Schüler starken Quinta A des Friedrich-Wilhelm-Gymnasiums, in der auf jeden Schüler nahezu 3 cbm Luftkubus entfallen, Lüftungseinrichtungen aber fehlen, stieg der Kohlensäure- gehalt von 8 bis 1 Uhr von 0,5 v. Taus. bis 8 v. Taus., wobei in den nach jeder Stunde eintretenden Pausen ein Teil der Schüler die Klasse verliefs, die Thüren aber im allgemeinen geschlossen gehalten wurden. Als später eine Einrichtung mit Zuluftkanal und Abluftöffnung in der- selben Klasse hergestellt war, stieg in derselben Zeit der Kohlensäuregehalt doch noch auf 6 v. Taus. Der Zuluft- kanal war 0,25 m zu 0,25 m weit (nach Rietschel zu klein) und mündete die 0,063 qm grofse Abluftöffnung unmittelbar ins Freie.

Erst als in dem Zuluftkanal ein Wasserstrahlventilator in Thätigkeit trat, stieg der Kohlensäuregehalt von 0,5 in derselben Zeit nur noch auf 2,7 v. Taus.[1]

In der Sexta des Wilhelms-Gymnasiums, in der keine anderen Lüftungsvorrichtungen als Fenster- und Thür- jalousien vorhanden waren, wurden die Thüren in den Pausen von 10 Minuten offen gehalten. Trotzdem wurde bei 13° bis 15° Temperaturunterschied nur knapp ein ein- maliger Luftwechsel erreicht und stieg der CO_2-Gehalt in 5 Stunden auf 4,1 $\%_{00}$. Die Rietschelschen Untersuch- ungen beziehen sich in der überwiegenden Mehrzahl auf, mit den damals noch sehr vorherrschenden Feuerluft- heizungsanlagen ausgestattete Schulgebäude. Sie ergaben, dafs bei den neueren dieser Anlagen, bei denen weniger Ausstellungen zu machen waren, nach fünfstündigem Unter- richt die Pettenkofersche Grenze im allgemeinen nur um wenig mehr als um 0,5 bis 1,50 $\%_{00}$ Kohlensäuregehalt überschritten wurde.

Das mit Warmwasserheizung versehene Wilhelms- Gymnasium wurde nach Ausführung der ein ungünstiges

---

[1] Es handelt sich hier immer um das alte Friedrich Wilhelms- Gymnasium, nicht um den später für diese Anstalt errichteten Neubau.

Ergebnis aufweisenden Untersuchungen mit einer von
Rietschel entworfenen neuen Drucklüftungsanlage versehen, welche einen guten Erfolg erzielte. Beispielsweise
stieg in der Obertertia der Kohlensäuregehalt bei der angestellten Untersuchung nicht über 1,6 v. Taus. und war
am Schluß einer fünfstündigen Unterrichtszeit gleich
1,0 v. Taus.

Rietschel führt an, daß selbst bei 5 fachem Luftwechsel, der im allgemeinen als Maximum anzusehen ist
und nur noch durch eine Drucklüftungsanlage erreicht
werden kann, es nicht immer möglich wäre, die Pettenkofersche Grenze bei Schulzimmern einzuhalten, und
möchte dieselbe für solche daher auf 1,5 v. Taus. festgesetzt wissen. Er teilt mit, daß eine bezügliche Kom-
mission der Berliner städtischen Verwaltung eine Grenze
von 2,14 v. Taus. für das praktisch Erreichbare hingestellt
habe.

Nach der Anweisung des Ministers der öffentlichen
Arbeiten vom 7. Mai 1884, § 11 (Centr.-Bl. d. Bauverw.
1884, S. 257) waren in den mit Centralheizungsanlagen
versehenen fiskalischen Gebäuden diejenigen Räume, die
zum Aufenthalt für eine größere Zahl von Menschen bestimmt waren, zweimal in jeder Heizperiode während ihrer
Benutzung mittels Luftprüfers u. s. w. durch die Baubeamten auf ihren Gehalt an Kohlensäure zu untersuchen.
An die Stelle obiger Anweisung trat später die ministerielle
Anweisung zur Herstellung und Unterhaltung von Central-
heizungs- und Lüftungsanlagen vom 15. April 1893 (Centr.-
Bl. d. Bauverw. S. 177). Nach dieser letzteren Anweisung
finden diese Kohlensäurebestimmungen und Luftprüfungen,
welche immerhin die Aufmerksamkeit betreffs der Beschaffenheit der Luft der Versammlungssäle und auch der
Schulzimmer rege erhielten, nicht mehr statt.

Rietschel sagt a. a. O. (Lüftung und Heizung von
Schulen) S. 2, daß solche von Bautechnikern und nicht
von Fachtechnikern ausgeführte Untersuchungen vielfach

*Behördliche Kohlen-
säuremessungen in
Preußen.*

- 34 -

wertlos sich erwiesen hätten. Unseres Erachtens würden die früher behördlich angeordneten Luftprüfungen in den fiskalischen Gebäuden, namentlich in Schulen, mit erheblichem Nutzen wieder aufgenommen werden können. Nur müfsten dieselben nicht von Baubeamten, sondern von mit vollkommenen Apparaten ausgerüsteten Fachtechnikern bezw. Heizingenieuren ausgeführt werden, welche beruflich mehr in der Lage sind, diese Luftprüfungen methodisch zu verwerten.

„Berechnung" der Zunahme des CO_2-Gehalts der Luft einesSchulzimmers. Recknagel gibt a. a. O. S. 560 eine gröfsere Zusammenstellung über Ergebnisse von Versuchen, die von Leblanc, Breiting, Rietschel, Trinkgeld ausgeführt worden sind, und macht die Feststellung, dafs bei keinem dieser Versuche, wenn es sich nicht um Anlagen mit Luftabzügen, Fenster- und Thürjalousien u. dergl. handelte, selbst bei gröfseren Temperaturunterschieden und stärkerem Winde ein höherer als $1/2$ maliger Luftwechsel beobachtet worden wäre.

Recknagel stellt a. a. O. S. 550 für ein Schulzimmer eine entsprechende Berechnung des Kohlensäuregehalts der Luft nach der Kohlensäureausscheidung der Kinder auf, wie wir sie vorstehend für ein Wohnzimmer schon kennen gelernt haben. Er kommt bei der Annahme einer stündlichen $1/4$ Lufterneuerung, wie sie im Wintersemester gewöhnlich gefunden wird, bei einer Klassengröfse von 10 m, 7,5 m und 4 m (300 cbm) und bei 60 Schülern mit je 15 l stündlicher Kohlensäureausscheidung zu dem Rechnungsergebnis, dafs nach zweistündigem Unterricht die Luft im Schulzimmer schon einen CO_2-Gehalt von 5,13 %$_{00}$ enthält. Dafs die Voraussetzungen dieser Berechnung der Wirklichkeit sehr nahe kommen, kann Recknagel mit Recht aus von Rietschel mittels Kohlensäuremessungen angestellten Untersuchungen folgern, die unter, den Annahmen dieser Berechnung annähernd gleichen Umständen in der nicht besonders ventilierten Sexta A des Friedrich Wilhelms-Gymnasiums stattfanden und nach 2 Stunden einen CO_2-Gehalt von 5,3 v. Taus. ergaben.

Die Überschreitung der Pettenkoferschen Grenze tritt in einem nur mäfsig besetzten Lehrsaal, wie dem in der obigen Berechnung angenommenen, schon bald nach Beginn des Unterrichts (nach $^1/_4$ bis $^1/_2$ Stunde) ein, und steigt der CO_2-Gehalt sodann bald auf eine bedenkliche Höhe. Recknagel äufsert sich zu seinem Rechnungsergebnis wörtlich: »Da bessere Verhältnisse (gröfserer Luftkubus oder viel stärkere spontane Lufterneuerung) kaum irgendwo in Schulzimmern angetroffen werden, so folgt: Lehrsäle dürfen nicht der natürlichen Ventilation überlassen werden, sondern sind mit einer besonderen ausgiebigen Lüftungsanlage zu versehen. Unzulänglichkeit d. natürlichen Ventilation bei Schulen.

Als solche können z. B. Fenster- und Thürjalousieu nicht gelten u. s. w.«

Esmarch fordert in seinem »Hygienischen Taschenbuch«, dafs bei Schulen mit der Heizung unbedingt eine Zuführung frischer Luft verbunden sein müsse, wenn nicht Pulsion vorhanden ist.

Die Gröfse des Luftwechsels, welcher erforderlich ist, eine bestimmte Anhäufung von Kohlensäure in einem Raume zu verhüten, läfst sich leicht finden, wenn man sich darauf beschränkt, den Ventilationsbedarf für dauernden Aufenthalt in einem und demselben Lokale zu ermitteln und darauf verzichtet, die Zeit mit in Rechnung zu ziehen. Besteht in einem Raume mehrere Stunden lang ein beträchtlicherer Luftwechsel, so werden weder die Gröfse des Raumes noch der anfängliche Zustand der Luft, welche in ihm vorhanden war, einen mafsgebenden Einflufs mehr haben auf die Veränderung des Kohlensäuregehalts des Raumes nach einer bestimmten Grenze hin. Kohlensäureausscheidung und erforderlicher Luftwechsel.

Man kann sagen: Der stündliche Luftwechsel für die Person in cbm (L) in einem Raume steht mit der stündlichen Kohlensäureausscheidung eines Menschen in cbm

(k) und mit dem als zuläfsig erachteten Kohlensäuregehalte in einem cbm Luft (q) in dem einfachen Verhältnis:

$$L = \frac{k}{q-a},$$

worin a die Kohlensäuremenge (in cbm) in einem cbm der eingeführten Luft bedeutet. Nach Rietschel a. a. O. S. 33 betragen die Kohlensäureausscheidungen für die Stunde in cbm:

für einen erwachsenen Menschen = 0,0186 = 18,6 l
    »   » Knaben von 16 Jahren = 0,0174 = 17,4 l
    »   »   »   » 10 » = 0,0103 = 10,3 l

und stellt sich danach der erforderliche stündliche Luftwechsel, wobei für den zulässigen Kohlensäuregehalt (q) die Pettenkofersche Grenze (1 $^0/_{00}$) = 0,001 cbm zu Grunde gelegt wird, für:

einen erwachsenen Menschen zu 31,0 cbm
    » Knaben von 16 Jahren » 29,0 »
    »   »   » 10 » » 17,1 »

heraus.

Behördliche Forderungen für d. Luftwechsel in fiskalischen Neubauten einschl. d. Schulen. Die Allgemeine Bauverwaltung, welcher in Preufsen aufser den Bauten des Reiches, der Heeresverwaltung und denjenigen der Eisenbahnverwaltung, sämtliche staatliche Hochbauausführungen unterstehen, hat sich für die von ihr auszuführenden, »mit Centralheizungs- und Lüftungsanlagen versehenen« Neubauten im allgemeinen den auf der Annahme der Pettenkoferschen Grenze fufsenden Forderungen bezüglich des Lüftungsbedarfs angeschlossen, indem sie in der bereits erwähnten Anweisung vom 15. April 1893 vorschreibt, dafs der Berechnung der Centralheizungs- und Lüftungsanlagen in der Regel ein Luftwechsel für Kopf und Stunde zu Grunde zu legen ist:

in Krankenzimmern für Erwachsene von etwa 80 cbm
  »   »   » Kinder   » » 40 »
  » Einzelhaftzellen   » » 30 »
  » Räumen für gemeinschaftliche Haft » » 20 »

in Versammlungssälen, Hörsälen und
  amtlichen Geschäftsräumen   von etwa 20 cbm
» Schulklassen, je nach dem Alter
  der Schüler   » 10 bis 25 »
wobei die volle Wirkung der Ventilationsanlagen in der
Regel nur während der Heizperiode verlangt wird.[1]

4. Die höheren Schulen.

Was die Fürsorge für reine Luft zunächst in den
höheren Schulen betrifft, so kann angenommen werden,
dafs ebenso wie in Preufsen durch die vorbesprochene
Anweisung für die staatlicherseits errichteten Neubauten
eine gute Beschaffenheit der Schulluft gewährleistet wird,
dies auch für die übrigen deutschen Staaten der Fall sein
wird. Ein Teil der Gymnasien, Realgymnasien, Baugewerkschulen u. dergl. wird von städtischen Verwaltungen
errichtet und unterhalten. Es kann ebenso für diese
vorausgesetzt werden, dafs ein reges Streben in diesen

---

[1] Nach Abschlufs und kurz vor Drucklegung der gegenwärtigen
Schrift sind die Bestimmungen betreffend die Herstellung und Unterhaltung von Centralheizungs- und Lüftungsanlagen geändert. An
Stelle der erwähnten Anweisung vom 15. April 1893 tritt die An-
weisung vom 24. März 1901. Nach letzterer ist für die fraglichen
staatlichen Neubauten in der Regel der Berechnung der Lüftungs-
anlagen ein Luftwechsel für Kopf und Stunde zu Grunde zu legen:
in Einzelzellen für Gefangene   von 15 bis 22 cbm
 » Räumen für gemeinschaftliche Haft   von 10   »
 » Versammlungssälen und Hörsälen   bis zu 20   »
 » Schulklassen je nach dem Alter der Schüler von 10 bis 25 »
Der Lüftungsbedarf bei Krankenräumen ist in jedem einzelnen
Falle im Einvernehmen mit der nutzniefsenden Behörde zu ermitteln.
Wir sehen, dafs die neueste Anweisung die Forderungen bezüglich des Luftwechsels für Gefängnisse erheblich herabsetzt, dafs
diese Forderungen für Versammlungssäle u. s. w., sowie für Schul-
klassen annähernd dieselben bleiben wie früher, und dafs für
Krankenräume hinfort die Gröfse des Luftwechsels von Fall zu Fall
von der Bauverwaltung im Benehmen mit der Krankenhausverwaltung
festzustellen ist.

Verwaltungen lebendig ist, solche Neubauten nur mit voll-
kommeneren Lüftungseinrichtungen zu errichten.

Zusammenfallen des Fortschrittes in Verbesser. d. Schul- luft mit Verbreitung d. Centralheizungs- anlagen.
Wo für höhere Schulen noch ältere Gebäude mit
Lokalheizung im Gebrauche sind, bei denen Lüftungseinrichtungen in der Regel fehlen, wird die Luft sehr viel
zu wünschen lassen. Man kann wohl allgemein für Räume,
in denen eine Anhäufung von Personen stattfindet, sagen,
daſs dort, wo Einzelofenheizung vorhanden ist, die Luft
hochgradig verdorben sein wird; wo dagegen die Räume
durch eine Sammelheizung, welche meist mit einer nach
wissenschaftlichen Gesichtspunkten hergestellten Lüftungsanlage verbunden ist, erwärmt werden, wird die Luft gut
oder doch erträglich sein. Nun sind ja noch eine gewisse
Anzahl von höheren Schulen mit Einzelofenheizung im
Gebrauche. Sie sind aber in verhältnismäſsig schnellem
Verschwinden begriffen, da man es sich wohl überall an-
gelegen sein läſst, sie durch mit Sammelheizung versehene
Neubauten zu ersetzen, und da die in den letzten drei
Jahrzehnten errichteten dieser Neubauten in der überwiegenden Mehrzahl schon mit Sammelheizungsanlagen
ausgestattet worden sind.

Nochmals Versuche und Mitteilungen Rietschels.
Zur Beurteilung der durchschnittlichen Verhältnisse
in Bezug auf Luft in den Gebäuden für die höheren Schulen
in Berlin, gewähren die erwähnten Berichte Rietschels
über die im Jahre 1883 von ihm im amtlichen Auftrage
angestellten Untersuchungen, von denen wir einiges schon
angedeutet haben, einen guten Anhalt. Wir wollen hier
nur kurz erwähnen, daſs Untersuchungen in zwölf staatlichen und städtischen höheren Schulen, sowie Lehranstalten stattgefunden haben, von denen zehn mit Feuer-
luftheizungen, eine, das Kgl. Friedrich Wilhelms-Gymnasium,
mit Kachelofenheizung und eine, das Kgl. Wilhelms-
Gymnasium, mit Warmwasserheizung versehen waren. In
letzterem Gebäude ist statt der ganz unvollkommenen
Lüftungseinrichtung mittels Fenster- und Thürjalousien
eine Drucklüftungsanlage ausgeführt worden. Etwa bei

der Hälfte der Anstalten, vergl. Tabelle a. a. O. S. 10,
überschreitet der durchschnittliche Kohlensäuregehalt der
Klassenluft am Ende einer Stunde die Grenze von 3 v.
Taus., bei der anderen Hälfte bleibt er darunter. Bei dem
Kgl. Wilhelms-Gymnasium ist dieser Betrag nach Ausführung der Drucklüftungsanlage 1,385 v. Taus.; in den
Klassen des Friedrich Wilhelms-Gymnasiums ohne Lüftungsanlagen 9,075 v. Taus. In den Klassen mit Lüftungseinrichtungen daselbst ist der Betrag 4,252 %/oo. Das Leibniz-
Gymnasium weist 2,314, das Joachimsthalsche Gymnasium
2,057, das Luisen-Gymnasium 1,624 %/oo Kohlensäuregehalt
auf. Diese drei Anstalten sind mit Feuerluftheizung versehen.

Die Tabelle ist allerdings nur zum Vergleich der Güte
der Lüftungsanlagen aufgestellt. Sie enthält die unter
Zugrundelegung eines gleichen Klassenraumes (200 cbm)
und einer gleichen Schülerzahl (50) umgerechneten Zahlen
für den Kohlensäuregehalt. Der thatsächlich gefundene
Gehalt soll daraus keineswegs entnommen werden. Einiges
über den thatsächlichen Kohlensäuregehalt in den untersuchten Anstalten haben wir früher schon angeführt.

Während des Niederschreibens dieser Zeilen wird uns
durch einen Zeitungsbericht folgender, auch die Lufterneuerung berührender Erlaß des Herrn Ministers der
geistlichen, Unterrichts- und Medizinal-Angelegenheiten an
die Provinzialschulkollegien betreffs der höheren Schulen
bekannt:

»Der Allerhöchste Erlaß vom 26. November 1900,
betreffend die Fortführung der Schulreform, bestimmt
unter Nr. 3, Schlußabsatz, daß die Anordnung des Stunden-
planes mehr der Gesundheit Rechnung zu tragen habe,
insbesondere durch angemessene Lage und wesentliche
Verstärkung der bisher zu kurz bemessenen Pausen. Mit
Bezug darauf verfüge ich: 1. Die Gesamtdauer der Pausen
jedes Schultages ist in der Weise festzusetzen, daß auf
jede Lehrstunde 10 Minuten Pause gerechnet werden.

Neuer Erlaß des preuß. Kultus-ministeriums betr. Verlängerung der Schulpausen.

2. Nach jeder Lehrstunde mufs eine Pause eintreten. 3. Es bleibt den Anstaltsleitern überlassen, die nach 1. zur Verfügung stehende Zeit auf die einzelnen Pausen nach ihrem Ermessen zu verteilen. Jedoch finden dabei zwei Einschränkungen statt: a) die Zeitdauer jeder Pause ist mindestens so zu bemessen, dafs eine ausgiebige Lufterneuerung in den Klassenzimmern eintreten kann und die Schüler die Möglichkeit haben, sich im Freien zu bewegen; b) nach zwei Lehrstunden hat jedesmal eine gröfsere Pause einzutreten.«

Dieser Erlafs ist nicht nur hinsichtlich der Einschränkung der durch die Schule veranlafsten allgemeinen Gesundheitsschädigungen in hohem Mafse dankenswert, er ist auch wegen der Herbeiführung einer besseren Lufterneuerung in den Schulräumen aufs lebhafteste zu begrüfsen. Nicht dafs infolge desselben die Sorge um thunlichste Verbreitung der künstlichen Ventilation gegenstandslos gemacht wäre. Wohl wird aber durch ihn eine bessere Lufterneuerung in den Anstalten, wo noch keine künstliche Ventilation vorhanden ist, sodann aufserhalb der Heizperiode, wo der Betrieb der vorhandenen künstlichen Ventilationseinrichtungen oft nicht stattfindet, gewährleistet.

Wenn die Ausdehnung dieses Erlasses auf alle Schulen nicht schon erfolgt sein oder nicht in Aussicht genommen sein sollte, so wird eine Erwägung darüber geboten sein, da die niederen Schulen viel öfter als die höheren Schulen der Einrichtungen der künstlichen Ventilation entbehren, und bei ihnen die Lösung der Frage der Verhütung der Luftverschlechterung deshalb eine dringlichere ist.

Professor Eulenburg hält nach einer Zeitungsnachricht die obigen Vorschriften noch für nicht weitgehend genug. Er verlangt, dafs mindestens für die Unter- und Mittelstufe auf jede, nicht länger als 45 Minuten zu bemessende Lehrstunde eine Pause von 15 Minuten zu folgen habe. Nach Krieger a. a. O. dauern auch schon in den Schulen Strafsburgs, vermutlich also in denen der

Reichslande überhaupt, die nach jeder Stunde eintretenden Pausen ¹/₄ Stunde, was der Lüftung der Schulzimmer sehr zu statten käme.

5. Die städtischen Volks- und Mittelschulen.

Die städtischen Volks- und Mittelschulen unterstehen in Preußen den städtischen Gemeindeverwaltungen. Es kann angenommen werden, daß in den großen, mittleren und auch in einer Anzahl von kleinen Städten diese Verwaltungen je nach der Bedeutung der Gemeinwesen mit mehr oder weniger Nachdruck seit längerer Zeit beflissen gewesen sind, auch für diese Schulen Gebäude mit Centralheizungen und wirksamen Lüftungsanlagen zu errichten. Nichtsdestoweniger dürften für die niederen Schulen noch eine erheblich größere Anzahl von älteren Gebäuden mit Einzelofenheizung im Gebrauch sein als es für höhere Schulen der Fall ist, und ist hier kaum eine schnelle Änderung in diesen Verhältnissen zu erwarten. Wir können allerdings nicht einmal annähernde Angaben über das Verhältnis der Zahl der Gebäude mit gehörigen Lüftungsanlagen zu der Zahl der älteren städtischen Schulgebäude ohne solche machen. Wir wissen auch nicht, ob etwa Erhebungen über dieses Verhältnis beispielsweise in Preußen gemacht worden sind. Jedenfalls würde die Anstellung solcher Erhebungen für die Beurteilung des Standes der Frage der Versorgung der Schulräume mit reiner Luft von hohem Werte sein.

Zahl der Schulen mit Einzel-Ofenheizung u. Centralheizung.

Derartige eingehende Erhebungen zur Feststellung des Standes der Frage der Heizung und Lüftung, allerdings nur für Akademien, Gymnasien, Realschulen, Baugewerkschulen und Seminare, sind nach dem Wochenblatt für Architekten und Ingenieure, Berlin 1882, S. 20 ff. im Königreich Sachsen auf einen Beschluß der Ständeversammlung des Königreichs Sachsen vom Jahre 1880 angestellt worden. Ihre Besprechung gehört eigentlich noch in den vorhergehenden Abschnitt »höhere Schulen«,

Amtliche Erhebungen im Königr. Sachsen üb. d. Zahl d. höh. Schulen mit Centralheizung und ohne solche.

ist des Gedankenganges wegen aber hier eingefügt. Von den reichen Ergebnissen dieser Erhebungen teilen wir nur mit, daſs 40 verschiedene, im ganzen Lande verteilte Anstalten untersucht worden sind, und daſs sich bei 18 dieser Anstalten noch Einzelofenheizung vorfand.

Berliner Gemeinde-
schulen.

Was den Stand dieser Frage für die Elementar- oder sogenannten Gemeindeschulen in Berlin betrifft, so werden nach ›Berlin und seine Bauten‹, 1896, II, S. 315 ff. diese Schulen wohl erst seit den Jahren 1863 bis 1864 mit Centralheizung und zwar zunächst mit Warmwasserheizung versehen. Es sind von diesen älteren Schulen nur noch sehr wenige im Gebrauche. In den siebziger Jahren wurden diese Gebäude meist mit Luftheizung ausgeführt, später aber, zufolge des dauernden Widerstandes der Lehrerschaft gegen diese Art der Heizung, wieder mit Warmwasserheizung. In dem letztverflossenen Jahrzehnt sind die Luftheizungen in den alten Gebäuden in der Mehrzahl durch Wasserheizungen ersetzt worden; zur Zeit bestehen nur noch einige wenige Schulen mit den alten oder nach einer neueren Bauart umgeänderten Luftheizungen. Bezüglich der von den Städten zu errichtenden Gebäude mit Centralheizungs- und Lüftungsanlagen hält Rietschel, Festrede, 1894, a. a. O., es für erforderlich, daſs die Bestimmungen der erwähnten ministeriellen Anweisung für die Herstellung und Unterhaltung der Centralheiz- und Lüftungsanlagen in fiskalischen Gebäuden vom 15. April 1893, bezüglich der Forderungen des Luftwechsels auch für die von kommunalen Verwaltungen ausgeführten Bauten verbindlich gemacht werden.

Ausdehnung der Bestimmungen f. fisk. Neubaut. auf kommunale Neubauten.

6. Die ländlichen Schulen.

Thätigkeit des Staates beim Bau ländl. Schulen.

Für die ländlichen Schulen übernimmt in Preuſsen der Staat in den sehr zahlreichen Fällen, wo er als Patron Gutsherr (Landrechtsprovinzen) oder in Form von freiwilligen Unterstützungen und Königl. Gnadengeschenken

erheblichere Beiträge leistet, selbst die Errichtung der
Gebäude, während er auf die besprocheuen städtischen
Elementarschulbauten in der Regel nur vermöge seines
Aufsichtsrechtes einwirkt.

Es braucht nicht erwähnt zu werden, daſs der Staat
die ländlichen Schulbauten stets mit auſserordentlichem
Nachdruck und groſsem Erfolge gefördert hat. Das preuſsi-
sche Volksschulwesen ist wie im allgemeinen, so auch
bezüglich der ländlichen Schulbauten immer für die meisten
anderen Staaten vorbildlich gewesen. Wenn es trotzdem
an wirksamen Lüftungseinrichtungen in den Landschulen
meistens noch fehlt, so mag dies durch die Neuheit der
Anforderungeu, die die Wissenschaft an die Beschaffenheit
der Schulluft stellt, sowie durch den Umstand seine Er-
klärung finden, daſs bei dem kleinen für Sammelheizung
ungeeigneten Umfang der Gebäude die wissenschaftliche
Heiztechnik mit der Frage der Heizung ländlicher Schulen
sich bisher wenig beschäftigte.

Als Anhalt für die Beurteilung der Verbreitung von
Lüftungseinrichtungen in ländlichen Schuleu können die
Erhebungen (a. a. O. S. 88) dienen, die der Kreiswundarzt
Dr. Solbrig durch Umfrage bei den Lehrern von
206 Schulen der Kreise Liegnitz, Hirschberg, Hoyerswerda
und Grünberg angestellt hat. Das Ergebnis dieser Erhebungen kann als annähernder, für den ganzen preuſsischen Staat zutreffender Durchschnitt angesehen werden.
Nur in 48 von 257 Schulzimmern der 206 untersuchteu
Schulen sind Lüftungseinrichtungen — einschlieſslich der
Einrichtungen an den Fenstern, wie Klappfenster u. dergl.
— überhaupt vorhanden, von denen aber 15 als unzu-
reichend bezeichnet sind. Es sind daher nur etwa in 13%
der Schulzimmer, nach Ansicht der Lehrer wirksame Einrichtungen vorhanden. Nach den neueren Anschauungen
werden aber noch erheblich mehr dieser Lüftungseinrichtungen als ungenügend zu kennzeichnen sein, da nur fünf
derselben aus Luftzuführungs- und Luftabführungskanäleu

Verbreitung d. Ven-
tilationseinricht. in
ländl. Schulen.

bestehen, die übrigen (29 Stück) nur ein Absaugungs-
mauerrohr allein aufweisen.

Die Ventilation allein durch ein solches neben dem
Schornstein gelegenes Abzugsrohr (meist nur 13 cm zu
20 cm weit) war durch die für den ganzen preufsischen
Staat bis zum Jahre 1895 mafsgebenden ministeriellen
Musterzeichnungen für ländliche Schulgebäude vom 18. November 1887 (Dienstanweisung für die Bauinspektoren der
Hochbauverwaltung von 1888, S. 460) als ausreichend erklärt. Ein solches Rohr erhöht den stündlichen Gesamt-
luftwechsel schätzungsweise höchstens auf etwa 50 bis
80 cbm, welcher nach der neueren Ventilationslehre nur
für höchstens fünf bis acht Kinder ausreicht. Nach derselben ministeriellen Anweisung von 1887 war eine Vor-
wärmung der zugeführten frischen Luft mittels eines durch
den Ofen geführten und an die Aufsenluft angeschlossenen
Rohres als empfehlenswert, nicht als notwendig erklärt.
Da dieses Rohr einen verhältnismäfsig sehr kleinen Querschnitt nur haben kann, wird es eine irgendwie genügende
Luftmenge dem Schulzimmer nicht zuführen können.

Nach der ministeriellen Anweisung zum Bau und zur
Einrichtung ländlicher Schulen in Preufsen von 1895,
a. a. O. S. 18, soll jede Schulklasse ein Luftabführungsrohr
von mindestens 25 cm zu 25 cm Weite, neben dem Schorn-
steinrohr gelegen, erhalten. Auch wird darin empfohlen,
mit der Heizung des Schulzimmers eine Lufterneuerung
derart zu verbinden, dafs vom Schülerflur aus frische
Luft dem Ofen zugeführt und, durch diesen vorgewärmt,
in das Zimmer weitergeleitet wird. Von der Einführung
von Frischluft durch Kanäle unter dem Fufsboden wird
in der Anweisung abgeraten, weil diese Kanäle erfahrungs-
mäfsig selten rein und staubfrei gehalten würden. Als
Mindestraum des Zimmers für ein Kind sind 2,25 cbm
bestimmt.

Auch wir halten diese hier vorgeschriebene bezw.
empfohlene Lüftungseinrichtung, welche in der durch die

Ofenwärme beförderten Zuführung frischer Luft und in
der Abführung der Zimmerluft mittels senkrechten Mauer-
rohres besteht, für das höchste was bei ländlichen Schulen
einstweilen zu erreichen ist. Wir glauben aber, daſs man
zweckmäſsiger mehr die Luftzuführung betonen wird, und
daſs es sich doch wohl empfiehlt, hierbei auf die Einführung von Frischluft durch Kanäle unter dem Fuſsboden nicht zu verzichten. Diese Kanäle haben vor den
Öffnungen von dem Flure her den Vorzug, daſs sie die
reine Auſsenluft und nicht die zum Teil verbrauchte Luft
der Nachbarräume der Schulklasse zuführen, sowie daſs
sie wegen des gröſseren Temperaturunterschiedes zwischen
drinnen und drauſsen wirksamer sind. Uns will es scheinen,
daſs es möglich ist, die Reinhaltung dieser Kanäle durch
strenge Vorschriften ebenso sicher zu stellen, wie dies für
Rauchröhren geschieht.

Wie früher erörtert, ergab die oben S. 26 ff. beschriebene
Lüftungseinrichtung, für ein Wohnzimmer von 126 cbm
Inhalt berechnet, einen stündlichen Luftwechsel von
196 cbm, also das 1,4 fache oder rund das 1½ fache des
Raumes. Eine sachgemäſs hergestellte Lüftungseinrichtung
mit Frischluftkanal und Abluftleitung ist einstweilen vielleicht auch für Landschulen die einzige, welche wirklich
empfohlen werden kann. Die Querschnitte des Frischluft-
kanales und des Abluftrohres sind nach dem Rauminhalt
des Schulsaales zu berechnen.

Notwendigk. einer
Ventilationsein-
richt. m. Frischluft-
kanal u. Abluftvor-
richt. f. ländliche
Schulneub. u. der
Vorschrift ein. 1½-
fach. Luftwechsels.

Es würde u. E. nicht zu viel verlangt sein, wenn die
staatliche Aufsichtsbehörde für die vom Staat oder von
Kommunen ausgeführten Neubauten von ländlichen Schulgebäuden diesen 1½ fachen Luftwechsel als Mindestmaſs
festsetzte. Bei vorhandenen Schulgebäuden wäre in geeig-
neten Fällen auf nachträgliche Herstellung der beschriebenen
Lüftungseinrichtung Bedacht zu nehmen.

Bei einem 1½ fachen Luftwechsel würde — in annähernder Schätzung — der Kohlensäuregehalt nach drei-

stündigem Unterricht auf etwa 3 bis 4 v. Taus. eingeschränkt bleiben, während er ohne diese Lüftungsvorkehrung
unter mittleren Verhältnissen 6 bis 9 v. Taus. beträgt.
Zwar wird durch die Vorkehrung die Forderung der Gesundheitslehre noch lange nicht erfüllt, es würde aber
immerhin sehr viel erreicht sein. Die Herstellungskosten
der Lüftungseinrichtung sind niedrige und wird auch bei
beschränkten Mitteln die Kostenhöhe kein Hindernis für
die Ausführung bilden, zumal man mit Aufwendung dieser
Kosten, bezüglich der Frischluftversorgung einen nicht
selten mehrfachen Erfolg erzielen würde von dem, den
man durch Verwendung derselben Kosten für eine Ver-
gröfserung der Raumabmessung des Schulzimmers erreichen würde, denn — nicht allein, dafs wir bei Erzielung
der gleichen Luftreinheit, durch Verstärkung des Luftwechsels an Raumgröfse des Schulsaales sparen können —
wir können auch an die erwähnte Thatsache erinnern,
dafs durch Verstärkung des Luftwechsels über eine gewisse
Grenze hinaus der Einflufs der Gröfse des Raumes auf
die Beschaffenheit der Luft gemindert wird, ja sogar,
was hier allerdings nicht in Betracht kommt, ganz auf
gehoben werden kann. Solche wie vorstehend beschriebene Lüftungseinrichtungen sind, wenn auch nicht vollständig dieser Beschreibung entsprechend, wie vorange-
deutet, bei einer gröfseren Anzahl von ländlichen Schulen
ausgeführt worden. Sie werden auch nahezu die einzigen
sein, welche, wo sie ausgeführt, die Luftverschlechterung in ländlichen Schulen in erheblicher Weise verhütet
haben.

Was die Kosten der Erwärmung der Ventilationsluft
betrifft, so werden dieselben auch für ärmere Gemeinden
meistens aufbringbar sein, da sie, wie bei der Betrachtung
derselben für ein Privathaus angewandt gedachten Lüftungseinrichtung berechnet wurde, eine nur mäfsige Höhe haben.
Auch bezüglich dieser Kosten gilt das über die Ersparnisse
für etwaige mindere Raumgröfse gesagte.

Mit Rücksicht darauf, daſs der von uns für Landschulen einstweilen geforderte 1 ½ fache Luftwechsel, wie
erwähnt, noch nicht die Forderungen der Gesundheitslehre
erfüllt, wird, wenn es nicht an Mitteln fehlt, jede sich
darbietende Gelegenheit zu ergreifen sein, die gedachte
Lüftungseinrichtung mit Vervollkommnungen auszuführen.
Solche Vervollkommnungen sind z. B. kräftigere Erwärmung der zugeführten frischen Luft durch Einschaltung
einer Vorwärmevorrichtung in den Frischluftkanal oder
durch Anschluſs dieses Kanales an den Raum zwischen
Ofen und Mantel eines Mantelofens. Bewährt hat sich
auch die Einfügung eines Wasserstrahlventilators oder
einer durch irgend eine Triebkraft bewegten Pulsions-
vorrichtung in den Frischluftkanal. Alle diese Vorrich-
tungen werden die Geschwindigkeit der eingeführten Luft
erhöhen und den Luftwechsel in dem Schulraum ver-
gröſsern.

Ein Vergleich zwischen der Reinheit der Luft in den
städtischen und in den ländlichen Schulen wird nach den
bisherigen Betrachtungen zu ungunsten der ländlichen
Schulen ausfallen. Die fortschreitende Verbreitung der
Centralheizungs- und Lüftungsanlagen in den Schulen der
gröſseren und mittleren, sowie mancher kleineren Städte
ist bezüglich der Beschaffenheit der Schulluft für dieselben
mit erheblichem Fortschritt verbunden, während für die
Verbesserung der Ventilation bei den ländlichen Schulen
ein annähernd ähnlicher Fortschritt, aus gleicher Ursache
wie dort, einstweilen nicht zu erwarten ist.

Während man bei ländlichen Schulen fast noch durch-
weg eine Luftverschlechterung von 6 bis 9‰ am Ende
des Unterrichts annehmen kann, beträgt sie bei den städtischen, mit Centralheizungs- und Lüftungsanlagen versehenen Schulen im allgemeinen selten über 2,5 bis 4‰
Kohlensäuregehalt. Solbrig teilt a. a. O. S. 49 mit:

Einzelne Vervoll-
kommnungen d.vor-
stehend besproch.
Ventilationsein-
richtung.

Rückständigkeit d.
Ventilationsein-
richtungen i. ländl.
Schulen gegenüber
jenen in städt.
Schulen.

Von je 100000 Eiwohnern starben jährlich an:

	Diphtherie und Krupp	Masern und Röteln	Keuch-husten	Scharlach
In Preufsen im Jahre 1877:				
Auf dem Lande . . .	179	52	72	77
In Städten	136	34	49	78
In Bayern in den Jahren 1871 bis 1875:				
Auf dem Lande . . .	103,5	20	72	68,5
In Städten	75	18,5	35	43,5

(Zusammengestellt nach Eulenburg, Realencykl. XIII, S. 470—74.)

Aus dieser Aufstellung ergibt sich die Thatsache, dafs diese verderblichen Kinderseuchen auf dem Lande viel mehr Opfer fordern als in Städten, obwohl die Gesamt-sterblichkeit und noch viel mehr die Sterblichkeit der Kinder im Säuglingsalter auf dem Lande geringer sind. Es wird das in erster Linie auf den Umstand zurück-zuführen sein, dafs wegen der weiten Wege auf dem Lande ärztliche Hilfe bei Erkrankungen an diesen Seuchen später in Anspruch genommen wird, und dafs die erkrankten, noch die Schule besuchenden Kinder die Krankheit durch Ansteckung stärker verbreiten.

Doch glauben wir die Frage zur Erörterung stellen zu sollen, ob die gröfseren Verheerungen durch diese Kinderseuchen auf dem Lande zum Teil nicht auch auf die schlechtere Luft in den Schulzimmern daselbst zurück-zuführen sind. Es möchte hier jedenfalls eine geeignete Gelegenheit vorliegen, durch Verbreitung vollkommenerer Lüftungseinrichtungen in ländlichen Schulen, mit verhältnis-mäfsig geringen Geldmitteln eine der mancherlei Rück-ständigkeiten der ländlichen Verhältnisse gegenüber den städtischen, einzuschränken. Wir möchten unsere Betrach-tungen über Schulluft im allgemeinen mit folgendem Hin-weise schliefsen:

Schlufsbemerkungen, betreffend Schulen im allgemeinen.

Zahlreiche Forscher haben, wie wir gesehen, die Luftverschlechterung als eine der wesentlichsten Ursachen der
durch die Schule veranlafsten Minderung der Volksgesundheit, insbesondere der starken Verbreitung der Phthise und
der akuten Erkrankungen der Atmungsorgane hingestellt.
Es ist mit Bestimmtheit anzunehmen, dafs die sehr hohen
Sterblichkeitsziffern für diese Krankheiten durch die weitere
Verbesserung der Luft in den Schulen, sowie durch Herab-
minderung des noch oft übermäfsig hohen Betrages des
Kohlensäuregehaltes der Schulluft herabgesetzt werden
können. Dies kann vielfach mit mäfsigen Geldaufwendungen
erreicht werden. Die Verbreitung sachgemäfser Lüftungseinrichtungen in Schulgebäuden, welche auch schon in
vielen gröfseren Städten in erfreulicher Weise gefördert
ist, erscheint daher als eine der dringendsten, aber auch
dankbarsten Aufgaben der öffentlichen Gesundheitspflege.

7. Die Versammlungssäle und die Räume für öffentliche Erholung und Belehrung.

Wir hatten es uns zur Aufgabe gestellt, die Verhältnisse der Atemluft vorwiegend in den Räumen, die zum
»vorübergehenden« Aufenthalt dienen, und ihren Einflufs
auf die Gesundheit einer Betrachtung zu unterwerfen. Es
kämen dabei aufser den bereits besprochenen Schulen in
Frage: Versammlungssäle, öffentliche Räumlichkeiten für
Erholung, Zerstreuung und Belehrung, sowie Kirchen,
Theater u. dergl. Wenn die Beschaffenheit der Luft dieser
Räumlichkeiten nicht den Einflufs auf die Volksgesundheit
hat wie die Luft der Schulen, so ist der Einflufs dennoch
ein bedeutender. Hält sich doch ein erheblicher Bruchteil
der erwachsenen Bevölkerung, namentlich der gröfseren
Städte, eine nicht unbeträchtliche Zeit des Tages in derlei
Räumlichkeiten mehr oder weniger regelmäfsig auf.

Veröffentlichungen über Prüfungen der Luft durch Messung der Kohlensäurezunahme bei Anfüllung der genannten Räume mit Besuchern, sind in annähernd gleich erschöpfendem Umfange, wie dies für Schulen der Fall, nicht vorhanden. Wir können die Betrachtung über die Luftverhältnisse in jenen Räumen daher nicht so ausdehnen, als wir dies bezüglich der Schulen gethan haben. Einige Mitteilungen über solche Luftprüfungen in den fraglichen Versammlungsräumen werden wir noch machen. Wir können durch einen Vergleich mit den Schulen allerdings einen gewissen Anhalt für die Beurteilung des Standes der Luftfrage für diese Räume gewinnen.

Die Besetzung dieser Räume mit Menschen wird oft eine ebenso starke, wenn nicht eine stärkere als bei Schulen sein, wobei der Luftwechsel in ihnen häufig ein geringerer als bei den meist mit gröfserer Fensterfläche versehenen Schulräumen sein wird. Da solche Räume viel öfter bei luftverschlechternder künstlicher Beleuchtung benutzt werden, wird man in ihnen, wenn sie nicht mit künstlichen Lüftungsanlagen versehen sind, meist hohe Zahlen für den Kohlensäuregehalt feststellen können.

Wir haben im Verlauf unserer Betrachtungen des Beispieles des »sehr gemütlichen« Kneipzimmers Erwähnung gethan, welches 75 cbm Rauminhalt (5 m lang, 4,4 m breit, 3,5 m hoch) hatte, mit zehn Personen besetzt war und nur natüliche Lüftung ($\frac{1}{4}$ Lufterneuerung in der Stunde) hatte. Nach der von Recknagel durch Rechnung gefundenen und von uns mitgeteilten Tabelle ist der Kohlensäuregehalt der Luft dieses Zimmers, abgesehen von der Luftverschlechterung durch die Beleuchtung, nach 2 Stunden 4,6 $^0/_{00}$, bei dauerndem Aufenthalt der zehn Personen gleich 11,7 $^0/_{00}$. Die angenommene Besetzung des Zimmers ist verhältnismäfsig keineswegs eine sehr starke.

Es werden die Gastzimmer stark besuchter Wirtshäuser, selbst die Zimmer gastfreier Familien bei festlichen Anlässen, nicht selten noch stärker besetzt sein.

Nach We yl hat Wolpert den Kohlensäuregehalt der Luft in verschiedenen derartigen öffentlichen Versammlungsräumen Berlins bei guter Besetzung folgendermafsen festgestellt:

Café Bauer	3,27
Wintergarten	3,06
Siechens Bierhaus	3,38
Lessingtheater	2,76
Zirkus Renz	5,31
Universitätsbaracke (nach einer Vorlesung des verstorbenen Dubois-Reymont darin)	10,43

Zu diesen Zahlen mufs bemerkt werden, dafs es sich bei den vier ersten der aufgeführten Räumlichkeiten um mit neueren Centralheizungs- und Lüftungsvorrichtungen versehene Anlagen handelt. Kohlensäurefeststellungen in den nicht mit Centralheizungs- und Lüftungseinrichtungen versehenen besuchteren Wirtshausstuben würden nach obigem sehr erheblich ungünstigere Ergebnisse aufweisen.

Es mufs als eine dringende Notwendigkeit bezeichnet werden, dafs bezüglich der Luft in den gedachten öffentlichen Aufenthaltsräumen ähnlich ausgiebige Luftuntersuchungen angestellt und veröffentlicht werden, wie dies für städtische Schulen geschehen. Solche Untersuchungen würden die Klarlegung der hier bestehenden Einwirkungen auf die Volksgesundheit erheblich fördern.

Die Frage, wann einer unzulässigen Luftverschlechterung in den besprochenen Versammlungsräumen und Räumen für Belehrung sowie Unterhaltung im allgemeinen vorgebeugt sein wird oder nicht, wird wie bei Schulen mit der Frage sich vielfach decken, ob jene Räume mit Centralheizungsanlagen versehen sind oder nicht.

Verbreitung der künstlichen Ventilationseinricht. in Versammlungsräumen u. dergl.

Gröfsere neue Kirchen, die Sitzungssäle in gröfseren Gerichtsgebäuden und Rathäusern, die Theater und Konzertsäle in Grofsstädten können als mit Centralheizungs- und wirksamen Lüftungsanlagen ausgestattet gelten. Die älteren

und weniger umfangreichen dieser Gebäudeanlagen, und
diejenigen in mittleren und manchen kleinen Städten
werden in absehbarer Zeit ebenfalls mit Sammelheizungen
versehen sein.

Ungünstiger liegen die Verhältnisse bezüglich der für
die Beeinflussung der Volksgesundheit stark ins Gewicht
fallenden Wirtshäuser[1]). Hier beschränkt sich die Anwendung von Sammelheizungs- und Lüftungsanlagen im allgemeinen auf die Wirtshausanlagen grofsen Stiles und
auf die bedeutenderen Neubauten in Grofsstädten, welche
Anlagen im Hinblick auf die grofse Gesamtzahl aller
Wirtshäuser eine seltenere Ausnahme darstellen. Die bei
»Einzelofenheizung« bisher in Wirtsstuben zur Anwendung
gebrachten Lüftungsanlagen verschiedenster Art werden nur
in geringer Zahl die Forderungen der Hygiene erfüllen.

8. Abschlufsbemerkungen zu diesem Kapitel.

Versuchen wir zu einem Ergebnis unserer bisherigen
Betrachtungen zu gelangen. Durch die Statistik wird die
allgemein gültige Lehre unterstützt, dafs »dauernder«
Aufenthalt in schlechter Luft (Gefängnisse u. s. w.) die
Sterblichkeit bei den betreffenden Personen sehr erhöht,
und dafs es als Grundsatz gelten kann, dafs der Über-
schufs der erhöhten Sterblichkeitsziffer über die gewöhnliche dabei in einer ausschlaggebenden Beziehung zu dem
Grade der Luftverschlechterung steht.

Wenn wir auch keinen Beweis dafür erbringen können,
dafs der regelmäfsige »vorübergehende« Aufenthalt in

---

[1]) P e t t e n k o f e r sagt in seiner Vorlesung »Über den Wert der
Gesundheit für eine Stadt« a. a. O. S. 38: »Sollte die abscheuliche
Luft der meisten unserer Kneiplokale, in denen sich manche von
Abend bis Mitternacht fast täglich aufhalten, mit Rauchen, Trinken,
Sprechen oder Spielen beschäftigen, etwa der Gesundheit zuträglich
sein?« und weiter: »Ich glaube, dafs die Sitte des freiwilligen Wirts-
hauszwanges der Gesundheit viel mehr schadet, als der gesetzliche
Schulzwang«.

schlechter Luft die Sterblichkeitsziffer in gleicher Weise, nur nach Verhältnis der kürzeren Dauer vermindert, beeinflufst wie der »dauernde« Aufenthalt, so kann doch als sicher angenommen werden, dafs die Schädigung der Gesundheit durch verbrauchte Luft in den Räumen für vorübergehenden Aufenthalt eine höchst beträchtliche ist. Ebenso wird es kaum bestritten werden können, dafs die Schädigungen der Volksgesundheit durch Herstellung von künstlichen Lüftungseinrichtungen in den vorbesprochenen Räumen bedeutend eingeschränkt werden können, sowie dafs die Verbreitung solcher Lüftungsanlagen noch viel zu wünschen übrig läfst.

Die Verallgemeinerung derartiger zweckentsprechender Lüftungsanlagen berührt daher das öffentliche Interesse in hohem Mafse und stellt deren Förderung eine der bedeutsamsten Aufgaben der öffentlichen Gesundheitspflege dar.

Kapitel III.

Über die Frage des Erlasses von Bestimmungen, welche die Genehmigung zu Neubauten besonders umfangreicher und wichtiger Versammlungssäle u. dergl. von dem Nachweise ausreichender Lüftungsanlagen abhängig machen, sowie über die Gesetzgebung betreffs Verhütung der Schädigung der Volksgesundheit durch schlechte Luft in Innenräumen in England.

Nach den bisherigen Betrachtungen und den vorstehenden Abschlußbemerkungen wirft sich von selbst die Frage auf, ob es geboten und angängig ist, für den Neubau wichtiger Versammlungssäle und Räume für vorübergehenden Aufenthalt ausreichende Lüftungsanlagen behördlich vorzuschreiben.

Eine solche Vorschrift ist, wie später ausgeführt werden soll, in Preußen nicht vorhanden, und findet eine behördliche Prüfung der Bauentwürfe von Versammlungsräumen u. dergl. auf Vorhandensein ausreichender Ventilationsanlagen im allgemeinen nicht statt.

Bestehende Vorschriften z. Schutze gegen Theaterbrände, sowie Vergleich der durch Theaterbrände entsteh. Gesamtgefahr. Zur Erörterung über die Notwendigkeit des Erlasses solcher, die Anlage von Ventilationsanlagen betreffender Bestimmungen dürfte eine vergleichende Betrachtung darüber von Wert sein, wie sich die behördlichen Vorschriften in betreff des Schutzes des Menschenlebens in den gleichen,

soeben besprocheuen Versammlungsräumen gegen eine u. d. Schädigungen d. Volksgesundheit durch schlechte Luft in Versamml.-Räumen
andere Gefahr, nämlich gegen die Feuersgefahr, sowie
gegen die bei einer solchen vorkommenden Paniken, in
Preufsen entwickelt haben.

Die Feuergefährlichkeit der Theatergebäude ist eine
sehr bedeutende. Nach der Zeitschrift »the builder« sind
im Jahre 1880 23 Theater durch Feuer vollständig zerstört
worden. Die schrecklichen Vorfälle bei dem im Frühjahr
1881 stattgehabten Brande des Theaters in Nizza, und bei
dem Brande des Wiener Ringtheaters vom 8. Dezember
desselben Jahres, haben in den verschiedenen Staaten den
Anlafs zum Erlafs verbesserter Vorschriften gegeben,
welche die Feuersicherheit der Theater erhöhen, und
namentlich die Möglichkeit einer schnellen Entleerung
sicherstellen sollen.

Schon durch Erlafs vom 17. Dezember 1881 ordnete
in Preufsen der Minister des Innern (Centr.-Bl. d. Bauverw.
S. 366) die eingehendste Untersuchung der Theater und
der Gebäude mit ähnlicher Zweckbestimmung, sowie die
schleunige Abstellung von Mifsständen an.

Eine endgültige Gestalt erhielten die Mafsnahmen
und Vorschriften durch die Polizeiverordnung der Herren
Minister der öffentlichen Arbeiten und des Innern vom
12. Oktober 1889 (Centr.-Bl. d. Bauverw. S. 447) und den
Nachtrag dazu vom 18. März 1891 (Centr.-Bl. d. Bauverw.
S. 173 u. 191). Die erwähnten beiden Theaterbrände des
Jahres 1881 haben auch auf die Fassung der ministeriellen
Anweisung vom 21. August 1884, betreffend die Vorkehrungen zur Sicherheit fiskalischer Gebäude gegen Feuersgefahr (Centr.-Bl. d. Bauverw. 1884), sichtlich eingewirkt.
An die Stelle dieser Anweisung trat später der Runderlafs,
betreffend die Bauart der von der Staatsbauverwaltung
auszuführenden Gebäude, unter Berücksichtigung der Ver-
kehrssicherheit, vom 1. November 1892 (Centr.-Bl. d. Bauv.
1892), welcher gegenüber der Anweisung vom 21. August
1884 wesentliche Erleichterungen gewährte. Auf Grund

der vorgenannten behördlichen Vorschriften ist in Preußen
mit großem Nachdruck in der Richtung der Sicherung
des Menschenlebens bei Bränden von Theatern, Konzert-
und Versammlungssälen, Kirchen u. dergl. vorgegangen.
Bei Neubauten und bei vorhandenen Gebäuden sind weit-
gehende Maßnahmen nach den erlassenen Bestimmungen
durchgeführt. Theater sind mit wirksamen Schutzvorkeh-
rungen versehen, sogar oft nachträglichen erheblichen
Umbauten unterzogen worden. An der Mehrzahl der
Kirchen sind mit zum Teil großen Geldopfern der Gemeinden an den Ausgängen, Treppen und Vorplätzen
bauliche Umänderungen ausgeführt. Die Neubauten sämt-
licher größerer staatlicher Dienstgebäude und bedeutenderer
Schulen sind in Bezug auf die Korridore und Treppenhäuser gemäß jenen Vorschriften erheblich weiträumiger
gestaltet als vorher. Es ist in viel größerem Umfang als
früher mit der Überwölbung der Räume dieser Gebäude,
namentlich der Korridore und Treppenhäuser, und deren
feuersicherer Herstellung überhaupt, sowie der der Treppen
selbst, vorgegangen. Man hat den jährlichen Mehraufwand
von Millionen nicht gescheut, um eine erhöhte Sicherheit
für das Menschenleben bei Brandfällen, zum Teil gleichzeitig damit allerdings auch eine Erhöhung der Feuersicherheit an sich und der Dauer jener Gebäude herbei-
zuführen.

Den besprochenen für Brandfälle erlassenen ähnlichen
Vorschriften, welche ausreichende Ventilationseinrichtungen
zur Verhütung gesundheitsgefährlicher Luftverschlechterung für die Versammlungsräume u. dergl. fordern, sind
für nichtstaatliche Neubauten in Preußen bisher, wie angedeutet, nicht erlassen worden. § 28 der erwähnten
ministeriellen Polizeiverordnung vom 12. Oktober 1889
schreibt zwar eine weite Luftabzugsöffnung je über dem
Zuschauer- und dem Bühnenraum von Theatern, sowie
Lüftungseinrichtungen für die Treppenräume und Korridore
von Theatern u. dergl. vor. Diese Lüftungseinrichtungen

haben aber alle nur den ausgesprochenen Zweck, im Brand-
falle eine Verqualmung zu verhüten. Aufser für Theater
beziehen sich diese Lüftungsvorschriften nur auf die zu
gewissen anderen Versammlungsräumen gehörigen Treppen
und Korridore, nicht auf die Versammlungsräume selbst.

Wenn nun solche allgemeine Vorschriften bezüglich
des Nachweises von Ventilationseinrichtungen bei Neubauten noch nicht erlassen sind, so ist doch mit Sicherheit
anzunehmen, dafs die staatliche Verwaltung in der Richtung des Schutzes des Menschenlebens gegen die Einwirkungen schlechter Luft in den mehrbesprochenen Versammlungsräumen mit demselben Nachdruck vorgehen
wird, wie sie ihn in der Richtung des Schutzes bei Brandfällen von Theatern und dabei drohenden Paniken gezeigt
hat, wenn die Gröfse der Schädlichkeit der Luftverschlechterung noch überzeugender wissenschaftlich nachgewiesen
sein wird. Sind doch, wenigstens unserer Annahme nach,
die Gefahren, die durch Luftverschlechterung in Versammlungsräumen u. dergl. entstehen, für das Menschenleben
gröfser als die Gefahren, die durch Brände dieser Räume
und der Theater entstehen können.

So heftig die Vorfälle bei Theaterbränden mit oft
Hunderten von Opfern die Völker erschüttern, so treten
solche Vorfälle doch glücklicherweise als seltenere Ausnahme an den einzelnen Menschen heran, während die
gleich einem schleichenden Gifte wirkende schlechte Luft
in überfüllten Versammlungsstätten auf einen erheblichen
Teil des Volkes in regelmäfsiger Wiederholung täglich
ihre verhängnisvolle Wirkung ausübt.

Vergleicht man, wieviel Menschenleben z. B. in Berlin
etwa in den letzten 30 Jahren bei Bränden von Theatern
u. dergl. zu Grunde gegangen sind, mit der Zahl der
Menschen, welche in diesen 30 Jahren daselbst durch Einatmung verdorbener Luft in Schulen, Theatern, Wirtshäusern u. dergl., ernsten Krankheiten und einem vor-
zeitigen Tode allem Vermuten nach verfallen sind, so wird

derjenige, welcher beruflich mit diesen Dingen zu thun hat oder über sie ernstlich nachgedacht hat, über das Ergebnis des Vergleichs nicht zweifelhaft sein.

Durch Heranziehung dieses Vergleichs beabsichtigen wir nicht herzuleiten, dafs der Staat zu viel für die Sicherung des Menschenlebens bei Theaterbränden gethan hat. Er hat gleich anderen Staaten nur das unbedingt Notwendige gethan. Vielleicht ist der durchgeführte Vergleich indessen geeignet, eine Erwägung darüber zeitgemäfs erscheinen zu lassen, ob nicht auch in der Richtung der Sicherung des Menschenlebens gegen die Schädigungen durch Luftverschlechterung in Versammlungsräumen behördlich in gleicher Weise vorgegangen werden mufs, als es für die Sicherung bei den in Rede stehenden Brandfällen geschehen ist.

Krieger, welcher gewifs der unbegründeten Begünstigung der Verbreitung der künstlichen Ventilationseinrichtungen nach unseren vorstehenden Mitteilungen nicht geziehen werden kann, hält a. a. O. S. 56 dafür, dafs die obligatorische Einführung von auch unabhängig von der Heizung zu benutzenden, etwa aus Luftabzug und Luftzuführung u. dergl. bestehenden Ventilationseinrichtungen für alle Wirtshäuser, in welchen geraucht wird, sich hygienisch sehr wohl rechtfertigen liefse. Es mag dies als ein Beitrag in, wenn auch nur teilweise, bejahendem Sinne zu der voraufgestellten Frage der behördlichen Forderung von Ventilationseinrichtung für gewisse Neubaufälle gelten.

Vorschriften z. Verhütung d. Luftverschlechterung bestehen für fiskal. Neubauten bereits. Durch die erwähnte Anweisung betreffs der Centralheizungsanlagen vom 15. April 1893, mit ihren Bestimmungen über die für den Kopf und für die Stunde zu beschaffenden verschiedenen Luftmengen, erkennt die staatliche Verwaltung — unbekümmert um die in Frage kommenden, dadurch zum Teil erheblich erhöhten Bau- und Betriebskosten — die Notwendigkeit eines ausgiebigen und genügenden Luftwechsels für die Aufenthaltsräume

der sämtlichen gröfseren staatlichen Neubauten an. Es
könnte der Verwaltung daher nicht als Härte ausgelegt
werden, wenn sie das, was sie für die von ihr errichteten
fiskalischen Bauten leistet, auch von Gemeinden und
Privaten forderte.¹) Die Verhütung von Gesundheitsschädigungen durch schlechte Luft in den von Privaten
und Gemeinden errichteten Versammlungsräumen u. dergl.
stellt ein erheblich bedeutenderes öffentliches Interesse
dar, als dieses bezüglich der viel weniger zahlreichen
fiskalischen Bauanlagen dargestellt wird.

Bezüglich der hygienisch gesetzgeberischen Fragen im
allgemeinen macht Pettenkofer in seinen Vorlesungen
von 1872, a. a. O. S. 106, die Bemerkung:

»Wenn man unsere sanitätspolizeilichen Verordnungen
durchgeht, in allen Ländern, ich nehme keines aus, da
würde eine strenge Revision schon auf dem Standpunkte
der gegenwärtigen Wissenschaft vielleicht die Hälfte wesentlich zu ändern haben.« Wir lassen dahingestellt, ob dies
Wort für uns noch volle Berechtigung hat. Jedenfalls
ist es hier erwähnenswert.

England hat das Verdienst, zur Sicherstellung guter
Atemluft in Versammlungsräumen schon verhältnismäfsig
früh, und zwar sogleich durch ein vom Parlamente be-

Gesetzgeberische Mafsnahmen i. England in Beziehung auf Luft in Innenräumen.

¹) An Stelle der Anweisung vom 15. April 1893 ist, wie erwähnt,
inzwischen die Anweisung vom 24. März 1901 getreten. Wenn
letztere die Forderungen bezüglich des Luftwechsels für Gefängnisse,
vermutlich aus wirtschaftlichen Rücksichten, gegenüber den bisherigen Festsetzungen auch erheblich einschränkt, so hält sie für
alle übrigen Arten von Neubauten an einem Lüftungsbedarf fest,
der nur wenig hinter den nach dem Pettenkoferschen Grenzwert berechneten Forderungen zurücksteht. Es ist daher die für
unsere Erörterung sehr bedeutungsvolle Feststellung zu machen, dafs
die genannte grofse preufsische staatliche Bauverwaltung auch in
dieser neuesten Anweisung, wenigstens im Grundsatz, für ihre
gröfseren Neubauten die Pettenkofersche Lehre und deren
Forderungen bezüglich Reinheit der Luft als zutreffend und für sich
bindend anerkennt.

schlossenes Gesetz Vorsorge getroffen zu haben, nämlich durch die ›Towns Improvement Clauses Act, 1847‹. Durch dieses namentlich die Baupolizei und die baulichen Gesundheitswerke der Städte betreffende Gesetz wurden von den Gemeinden gewählte Ausschüsse für Volkshygiene (commissioners of health) geschaffen, welche das Recht erhielten, bezahlte Beamte (wohl bautechnische und Sanitätsbeamte) für Volksgesundheitszwecke anzustellen. In dem gedachten Gesetze finden sich folgende Paragraphen (Sektionen), welche über Frischluftversorgung handeln:

›§ 110. Vor Beginn der Ausführung eines Baues, welcher als Kirche, Kapelle, Schule, als Ort für Zerstreuung und Unterhaltung, überhaupt als Ort dienen soll, welcher für eine zu irgend einem Zwecke stattfindende Ansammlung von Menschen in Aussicht genommen wird, ist derjenige, welcher den Bau beabsichtigt, gehalten, 14 Tage vorher eine schriftliche Anzeige an den Ausschufs gelangen zu lassen. Dieser Anzeige sind ein Plan und eine Beschreibung der baulichen Herstellung, mit besonderem Bezug auf die Frischluftversorgung des Gebäudes beizufügen. Niemand soll die Ausführung eines solchen Baues beginnen, bevor die Art der baulichen Herstellung mit Bezug auf die Mittel für die Frischluftversorgung von dem Ausschufs genehmigt worden ist. Wenn eine Anzeige nicht gemacht worden ist, oder wenn solch ein Bau ohne Genehmigung errichtet ist, darf der Ausschufs die Niederreifsung oder Änderung des Baues oder eines Teiles desselben, soweit er es für nötig hält, und zwar auf Kosten des Eigentümers veranlassen. Alle Kosten, welche durch die Mafsnahmen des Ausschusses hierbei entstehen, sind ebenso einzuziehen, wie dies früher in Bezug auf die vom Ausschufs wegen Baufälligkeit oder drohender Gefahr veranlafste Niederlegung oder Instandsetzung von Gebäuden festgesetzt worden ist.

§ 111. Es wird festgesetzt, dafs, — wenn seitens des Ausschusses eine schriftliche Mitteilung über die Genehmi-

gung oder Nichtgenehmigung der Art der baulichen Herstellung von einem angemeldeten Bau, mit Bezug auf die
durch Plan und Beschreibung dargelegten Mittel der Frischluftversorgung, innerhalb von 14 Tagen nach Eingang des
Gesuchs nicht erfolgt ist, — der Gesuchsteller auf seine
Verantwortung mit dem Bau nach Plan und Beschreibung
beginnen darf, vorausgesetzt, dafs der Bau den Vorschriften dieses Gesetzes und den Sonderverordnungen
entspricht. «

Die Fassung dieser Bestimmungen ist eine nachdrucks-
volle. Es scheint den Gesetzgebern grofser Ernst mit der
Durchführung derselben gewesen zu sein. Bemerkt mufs
werden, dafs in England die Heizung mittels offener
Kamine die herrschende ist, und dafs der Engländer mit
zähem Sinn an dieser festhält. Die Kamine haben sehr
weite Rauchabzugsrohre, deren Querschnitte mit der Gröfse
der beheizten Räume wachsen und oft ganz bedeutende
Abmessungen annehmen.

Da es üblich ist, solche Kamine auch in den Fluren,
Treppenhäusern, sowie in den sehr gebräuchlichen Central-
hallen (halls) der öffentlichen Gebäude anzulegen, ist die
Frischluftversorgung dadurch an sich schon eine erleichterte.
Pettenkofer sagt von diesen Kaminen, sie wären eine
schlechte Heiz- aber eine sehr wirksame Ventilations-
vorrichtung. Die durch dieselben veranlafste Zugbelästi-
gung wird bei dem milden Winterklima Englands nicht
gar zu unangenehm. Nach dem Gesetz von 1847 mochten
die Kamine wohl als eine der anzuwendenden Ventilations-
vorkehrungen mit in Rechnung gezogen werden dürfen.
Die Art der Anwendung und die späteren Wandlungen
der voraufgeführten Sätze dieses Gesetzes haben wir nicht
feststellen können. Anscheinend haben sie seither die
Richtschnur für den Erlafs von entsprechenden Ortsstatuten
gegeben. Jedenfalls hat das Gesetz seit einem halben
Jahrhundert stetig die Aufmerksamkeit für die Wichtigkeit

der Frischluftversorgung von Versammlungsräumen rege erhalten. [1])

Für das Gebiet von London sind zur Zeit in betreff der Sicherung des Menschenlebens in Brandfällen von Theatern, sowie von den Gebäuden für öffentliche Versammlungen und Lustbarkeiten, »The Metropolis Management and Building Acts Amendment Act, 1878«, und insbesondere die vom Grafschaftsrat nach Maſsgabe dieses Gesetzes aufgestellten Statuten »The Regulations made by the Council on the 9 th of February, 1892, with respect to the requirements for the protection from fire of theatres, houses, rooms, and other places of public resort within the Administrative County of London« [2]) maſsgebend. Diese Statuten nehmen die Stelle der für Preuſsen zur Sicherung der Besucher von Theatern u. dergl. bei Feuersgefahr erlassenen erwähnten Landespolizeiverordnung vom 12. Oktober 1889 u. s. w. ein. Der § 26 jener englischen Statuten lautet: »Alle Teile von solchen Gebäulichkeiten — also von Theatern und von allen Räumlichkeiten, in welchen öffentliche Musikaufführungen, Tanzlustbarkeiten oder öffentliche Versammlungen zu anderen Unterhaltungszwecken abgehalten werden — sollen in einer vom Grafschaftsrat genehmigten Art ausreichend und in gehörigem Maſse ventiliert werden. Alle Öffnungen für Ventilation sollen auf den Plänen deutlich gemacht und in besonderen Vorlagen beschrieben werden, welche dem Grafschaftsrat zur Prüfung zu unterbreiten sind.«

---

[1]) Eine wertvolle Darstellung des Ganges der englischen Gesundheitsgesetzgebung, welche einen sehr bedeutenden Teil der neueren Gesetzgebung in England bildet, findet man in Finkelnburg a. a. O. Die Darstellung reicht allerdings nur bis zum Anfang der siebziger Jahre.

[2]) Zu beziehen von P. S. King and son, 2 and 4 Great Smithstreet, Victoria-street, Westminster, London, SW.

Es wird bezüglich der Wirksamkeit dieser Bestimmung
auf die uns nicht bekannt gewordene Auslegung und
Handhabung ankommen, doch will uns die Fassung ausreichend erscheinen, um der Aufsichtsbehörde eine ausreichende Handhabe zu bieten, um gesundheitsschädliche
Luftverschlechterungen in den in Rede stehenden Räumlichkeiten zu verhindern.

Kapitel IV.

Über den wirtschaftlichen Gewinn, der als Folge von Mafsnahmen zur Verhütung der Luftverschlechterung in Innenräumen, in Berlin und in anderen Orten in Anschlag zu bringen und zu erwarten ist.

Auf einen Sterbefall rechnet man 35 Krankheitsfälle; jeder Krankheitsfall erfordert durchschnittlich 20 Verpflegungstage, von denen jeder zu 2 Mark Verpflegungskosten gerechnet werden soll. Das Sinken der Sterblichkeitsziffer um 1 auf 1000 Lebende würde z. B. für Berlin mit seinen jetzt rd. 1 880 000 Einwohnern den Erfolg haben, dafs daselbst jährlich 1880 Menschen weniger stürben und $35 \times 1880 = 65800$ Krankheitsfälle weniger eintreten würden. An Krankenverpflegungskosten würden $65800 \times 20 \times 2 = 2632000$ Mk. jedes Jahr weniger erforderlich werden, was mit 4 v. H. kapitalisiert, einen einmaligen Vermögensgewinn von $2632000 \times 25 = 65800000$ Mk. darstellen würde. Um das Bild der bezüglichen Minderung der wirtschaftlichen Schädigung Berlins zu vervollständigen, müfste man diese Summe noch um den sehr erheblichen Betrag für den während der weniger eingetretenen Krankentage nicht entgangenen Arbeitsverdienst bezw. den nicht erlittenen Geschäftsverlust u. dergl. mehr erhöhen.

Nach John Simon (Pettenkofer, Über den Wert
der Gesundheit u. s. w., S. 29) ist in 24 englischen Städten,
ebenso in London, die auf 1000 Lebende gerechnete
Sterblichkeitsziffer nach Ausführung guter Kanalisierung,
Wasserklosetteinrichtung und Wasserversorgung um drei
gefallen. An dieser Verminderung hatte das fast vollständige Verschwinden der Typhussterblichkeit in jenen
Städten den Hauptanteil. Was durch diese auf Kanalisierung und Wasserversorgung beruhenden Gesundheitswerke zur Minderung der Volkssterblichkeit erreicht werden
kann, dürfte in Berlin bis auf einen nicht allzu grofsen
Rest erreicht sein, und dürfte durch diese eine sehr augen-
fällige Einwirkung in der Richtung der Minderung der
Sterblichkeitsziffer nicht mehr zu erwarten sein. Eine
Minderung der Ziffer überhaupt ist hier aber durchaus
noch möglich.

Die gewöhnliche Sterblichkeitsziffer für Berlin beträgt
nach dem statistischen Jahrbuch der Stadt Berlin für 1895
zwar nur 21,24. Die korrekte, nach wissenschaftlichen
Grundsätzen, d. h. die aus der Sterblichkeitstafel abge-
leitete Ziffer, in welcher der nach Berlin stattfindende
starke Zuzug von Personen des lebenskräftigsten Alters und
der hierdurch verminderte Einfluss der hohen Sterblichkeitsziffern der hier schwächer besetzten Altersklassen der
Kinder und der Greise, auf die Durchschnittsziffer einen
Ausdruck finden, stellt sich nach derselben Quelle für 1895
auf 26,66 für 1000 Lebende, welche Zahl nicht mehr so
günstig aussieht.

Wir haben gesehen, dafs die Ziffern der Sterblichkeit an
Tuberkulose und entzündlichen Erkrankungen der Atmungsorgane in hohem Mafse davon abhängen, ob eine Bevölke-
rungsklasse vorwiegend in geschlossenen Räumen lebt und
arbeitet oder nicht, und dafs die überwiegende Mehrzahl
der Hygieniker für die durch das Leben in geschlossenen
Räumen veranlafsten Gesundheitsstörungen am meisten
wieder die Luftverschlechterung verantwortlich macht. Wir

werden daher der Beschaffenheit der Luft in Schulen, Wirtshäusern, Versammlungsräumen, Arbeitsstätten und Wohnungen einen erheblichen Einfluſs auf die Höhe der Sterblichkeitsziffer beimessen müssen. Wir haben zwar das hochwichtige Kapitel »Luft in Beziehung auf Arbeiterwohnungen« hier nicht erörtern können, wir möchten jedoch in die Schätzung des wirtschaftlichen Nutzens, der von gesundheitstechnischen und gesundheitsgesetzlichen Maſsnahmen in Beziehung auf Luft zu erwarten ist, den Einfluſs der Luft in Arbeiterwohnungen und Arbeitsstätten einbeziehen. Die Maſsnahmen zum Zwecke der Luftverbesserung sind gegenüber den vielfach in den gröſseren Städten durchgeführten Gesundheitswerken guter Kanalisierung und Wasserversorgung zurückgeblieben, und man ist zu dem Glauben berechtigt, daſs durch die Maſsnahmen zur Luftverbesserung vielleicht annähernd ähnliche Erfolge in der Herabdrückung der Sterblichkeitsziffer in den gröſseren deutschen Städten und in Berlin herbeigeführt werden könnten, wie sie durch die Kanalisierung und Wasserversorgung erreicht worden sind. Wir sehen indessen von der Herausgreifung irgend einer bestimmten Zahl bei Schätzung der hiervon zu erwartenden Herabdrückung der Sterblichkeitsziffer ausdrücklich ab. Selbst die jährliche Aufwendung hoher Summen, welche kapitalisiert, einem Wert von vielen Zehnten von Millionen entsprechen würde, für hygienische Maſsnahmen in Beziehung auf Luft würde für Berlin als eine wirtschaftlich sehr gut lohnende Anlage bezeichnet werden müssen.

Es betragen die Sterbefälle an Tuberkulose und an entzündlichen Krankheiten der Atmungsorgane, auf 1000 Lebende gerechnet, für Königsberg i. Pr., Berlin und Breslau nach den medizinal-statistischen Mitteilungen aus dem Kaiserlichen Gesundheitsamte, und für die übrigen Orte nach der Deutschen Vierteljahrsschrift für öffentliche Gesundheitspflege:

	Jahr	Tuber-kulose	Endzündliche Erkrankung. der Atmungs-organe	Summe
Königsberg i. Pr.	1894	2,19	3,96	6,15
Breslau	1894	3,99	3,59	7,58
Berlin	1894	2,64	2,76	5,40
Durchschnitt der deutschen Städte	1895	2,49	2,56	5,05
Hamburg	1895	2,14	2,14	4,28
Bremen	1895	2,82	2,45	5,27
Lübeck	1895	1,73	1,47	3,20
Tempelhof	1895	3,12	6,08	9,20
Rixdorf	1895	—	4,44	—
Hohen-Schönhausen bei Berlin .	1895	3,83	4,38	8,21
Plötzensee (wohl einschl. Straf-anstalt)	1896	6,12	5,36	11,48

Aus dieser Übersicht, bei welcher die Verschiedenheit
der Jahre einen Vergleich nicht allzu sehr beeinträchtigen
dürfte, ersehen wir, daſs die Sterblichkeitsziffer für Berlin
in Bezug auf die Krankheiten, bei denen in erster Linie
die Luftverschlechterung in den menschlichen Aufenthaltsräumen als Hauptursache angenommen wird (5,40), die
Sterblichkeitsziffer für den Durchschnitt der deutschen
Städte (5,05), die vielfach sich noch gar keiner Sanitäts-
werke zu erfreuen haben, nicht unerheblich übertrifft. Die
Ziffern für Hamburg (4,28) und Lübeck (3,20) sind sogar
wesentlich niedriger als die von Berlin. Unsere vorherige
Annahme, daſs es möglich ist, die Mortalitätsziffer in Bezug auf die fraglichen, mit Luftverschlechterung zusammen-
hängenden Krankheiten, und damit die Mortalitätsziffer
überhaupt, für Berlin nicht unerheblich noch herabdrücken
zu können, mag auch dadurch eine Unterstützung finden.
Eine noch beredtere Sprache als diejenigen für Berlin,
sprechen die Sterblichkeitsziffern der obigen Tabelle für
Breslau und für die vorwiegend nördlichen und östlichen
Vororte von Berlin, welche die Durchschnittsziffer für die
deutschen Städte zum Teil weit hinter sich lassen. Eine

5 *

nachdrückliche Förderung der Gesundheitswerke in Beziehung auf Luft wird hier als eine besonders dringende,
aber auch besonders dankenswerte Aufgabe zu bezeichnen
sein, und würde aller Erwartung nach sehr bald hervor-
ragende Erfolge in Hebung der Volksgesundheit zeitigen.

Schlufsbemerkung. Wir schliefsen unsere Betrachtungen mit einem Aus-
spruch des verdienten Statistikers Dr. Engel, die wir
Kolbs Statistik der Neuzeit entnehmen. »Das durch die
Individuen des Volkes repräsentierte Kapital ist bei weitem
das beträchtlichste im Staate; und das in der lebenden
Generation ruhende Erziehungskapital übersteigt weit die
Summe aller übrigen Kapitalien. Jede Verkümmerung
der physischen Beschaffenheit der Bevölkerung, der hätte
entgegengewirkt werden können, ist eine Verschwendung
des edelsten Kapitals, der Intelligenz und der physischen
Kraft der Bevölkerung, und kommt einer absoluten Kapitals-
vergeudung gleich.«